可燃气体爆炸火焰加速及爆燃转爆轰

赵永耀 / 著

中国原子能出版社

图书在版编目(CIP)数据

可燃气体爆炸火焰加速及爆燃转爆轰 / 赵永耀著
. -- 北京：中国原子能出版社，2022.8
ISBN 978-7-5221-2062-1

Ⅰ. ①可… Ⅱ. ①赵… Ⅲ. ①可燃气体—燃烧—研究
Ⅳ. ①TQ038.1

中国版本图书馆 CIP 数据核字(2022)第 147692 号

内 容 简 介

可燃气体一旦发生爆炸，不仅给生命安全带来威胁，而且给工业生产造成巨大的破坏。本书首先详细介绍了直接数值模拟、雷诺平均和大涡模拟三种数值模拟方法，然后研究了壁面热传导、障碍物以及复杂区域条件对火焰加速的影响，进一步揭示可燃气体爆炸的起爆、传播规律、火焰加速以及爆燃转爆轰机理。结果对于丰富和完善燃烧与爆炸学科的基础理论，以及对爆炸灾害的预防和治理具有重要的理论和实际指导意义。本书条理清晰，论述严谨，内容丰富，是一本值得学习研究的著作。

可燃气体爆炸火焰加速及爆燃转爆轰

出版发行	中国原子能出版社(北京市海淀区阜成路 43 号 100048)
责任编辑	白皎玮
责任校对	冯莲凤
印　　刷	北京九州迅驰传媒文化有限公司
经　　销	全国新华书店
开　　本	710 mm×1000 mm 1/16
印　　张	9.25
字　　数	146 千字
版　　次	2023 年 3 月第 1 版 2023 年 3 月第 1 次印刷
书　　号	ISBN 978-7-5221-2062-1 定 价 98.00 元

网址：http://www.aep.com.cn　　E-mail:atomep123@126.com
发行电话:010－68452845

前　言

可燃气体爆炸事故是工业生产和人类生活中经常遇到的一类灾难性事故。一旦发生爆炸，产生的高温、高压的爆炸波不仅给生命安全带来威胁，而且给工业生产造成巨大的破坏，严重影响社会的和谐与稳定。可燃气体爆炸涉及火焰加速、爆燃以及爆燃转爆轰等过程，而且爆炸事故多发生在结构复杂的环境内，导致爆炸传播过程十分复杂，其包含的物理和化学机制至今仍未揭示清楚。因此，开展可燃气体爆炸的起爆机理、传播规律、火焰加速以及爆燃转爆轰机理的研究，对于丰富和完善燃烧与爆炸学科的基础理论，以及对爆炸灾害的预防和治理具有重要的理论和实际指导意义。

本书主要研究了壁面热传导对火焰加速及爆燃转爆轰的影响、大尺度复杂环境下火焰加速及爆燃转爆轰，以及管道内障碍物对火焰传播的影响，具体内容如下：

第 1 章综述了可燃气体爆炸问题的国内外研究现状及发展趋势；第 2 章介绍了考虑黏性扩散和热传导的化学反应流体动力学 N-S 方程组，利用高精度 WENO 数值格式离散方程组，并验证了数值模拟的有效性；第 3 章研究了壁面热传导对火焰加速及爆燃转爆轰的作用；第 4 章利用大涡模拟研究了复杂环境，包括开敞空间以及封闭、半封闭空间内火焰加速及爆燃转爆轰问题；第 5 章研究了管道内火焰加速及爆燃转爆轰的整个过程，包括小尺度管道以及大尺度管道，数值模拟结果与实验结果进行了对比，结果进一步揭示火焰加速及爆燃转爆轰的机理。

本书主要成果是在北京理工大学读博士期间所做，感谢导师王成教授的悉心教导和培养。

作　者

2022 年 6 月

目 录

第1章 绪 论

可燃气体广泛应用于日常生活和工业生产中，近年来可燃气体爆炸事故频发，不仅对生命和财产安全造成巨大损失，而且严重危害社会稳定，已经引起世界各国政府、科研机构的普遍关注。2014 年 7 月 31 日，中国台湾地区高雄输送丙烯的管线因轻轨施工而破损，发生泄露并遇到点火源发生连环爆炸，造成 36 人死亡，321 人受伤，直接经济损失达数十亿新台币。2013 年 11 月 22 日，青岛市中国石油化工股份有限公司东黄输油管道发生原油泄露，泄漏的原油进入暗渠挥发形成的积聚油气遇敲击火花发生爆炸，造成 62 人死亡，136 人受伤，直接经济损失达 7.5 亿元人民币。2015 年 6 月 3 日，加纳阿克拉市中心加油站储油罐因暴雨发生破裂泄漏挥发的油气遇到点火源引发爆炸，造成至少 200 人死亡。2010 年 4 月 20 日，美国墨西哥湾石油钻井平台因井漏而引发起火灾爆炸，造成 11 人死亡，泄露原油污染面积达 155 万 km^2，直接经济损失约 10 亿美元。2005 年 12 月 11 日英国邦斯菲尔德油库由于泄漏而发生爆炸事故，烧毁大型储油罐 20 余座，受伤 43 人，直接经济损失 2.5 亿英镑，事故原因为储罐液位器失灵造成溢油，石油泄出后遇电火花引发爆炸，与周围树木相互作用形成爆燃转爆轰，产生了巨大的破坏。因此，揭示可燃气体在复杂环境下火焰加速、传播和爆燃转爆轰等机理，具有重要的理论意义和较强的工程应用价值。

可燃气体爆炸事故大多发生在储罐群、楼房群、厂房、生产线、地下管网等复杂的几何结构中，且初始时刻可燃气体浓度分布不均，这些因素导致其爆炸过程呈现高度的非定常特性，火焰、高速气流和冲击波在这些障碍物(群)中的传播机理和特性非常复杂，存在几何边界、运动冲击波和化学反应强烈地相互作用。因此，针对可燃气体爆炸的非理想性的特征，需要进行深入系统的研究，以便更好地揭示复杂环境约束条件下可燃气体爆炸演化规律。另一方面，由于可燃性气体爆炸过程中包含火焰加速、爆燃甚至爆轰等不同阶段，各个阶段传播特征及机理不尽相同。爆炸初始阶段，火焰为层流火焰，传播速度较慢，点火机制为热辐射和热传导。随着火焰逐渐加速，流动与火焰相互作用逐渐增强，层流火焰变为湍流火焰，当火焰诱导的压力波不断增强，并在火焰前方叠加形成冲击波时，火焰与冲击波的相互作用成为影响火焰传播的重要原因。当激波足够强时，热点的形成触发爆燃转爆轰发生。但是，火焰传播对化学反应动力学参数及初始条件和边界条件非常敏感，其过程不仅涉及流体动力学过程，还涉及复杂的化学反应动力学过程，其研究难度极大，是目前燃烧领域的研究热点。

从安全领域的工程应用及爆炸力学的学科发展角度来看，对可燃气体爆炸过程及其机理的研究均十分必要。本书针对这一问题，建立了能描述气体爆炸过程中火焰加速、湍流燃烧和爆燃转爆轰的数值模拟控制方程组，包括直接数值模拟和大涡模拟，结合湍流模型和化学反应模型，在课题组构造的高精度数值算法的基础上，开发了高精度大规模并行程序。对可燃气体的低速层流火焰加速、爆燃转爆轰的全过程进行了数值模拟和实验研究，揭示火焰加速机理、爆燃到爆轰的转变机制及其影响因素。本书中的研究结果不仅补充和完善现有的可燃气体爆炸和爆燃转爆轰相关理论，而且推动这一科学领域的发展，而且对于工业爆炸灾害预防和治理具有重要的意义。

1.1 国内外研究现状及发展趋势

可燃气体爆炸是燃烧和爆炸领域的一个主要研究课题，其研究可以追溯到 19 世纪[1]。早期关于火焰传播的研究主要是为了解决煤矿中爆炸事故的问题，他们的研究成果为火焰传播方面提供了大量的定性的结论。随着化学反应动力学和流体动力学等方面的发展和完善，火焰传播的理论研究得到了快速发展[2][3]。近年来，出现的激光诊断技术以及计算机计算能力的提高，火焰传播的研究逐渐得到越来越多定量的结果。例如，在激光实验技术、纹影和阴影技术的帮助下，火焰面结构以及流场的变化得以被揭示。随着计算机的迅猛发展，计算流体力学(CFD)技术在燃烧的科学研究和工程应用方面得到了广泛应用，提高了对燃烧和爆炸的定量预测能力。虽然可燃气体燃烧和爆炸的研究已经取得了丰硕成果,并在工业生产和日常生活中到了应用,但是还有很多问题尚未解决,例如湍流燃烧机理、爆燃转爆轰的机理仍未得到系统的解释。又如在对火焰传播的数值模拟研究中,仍然缺乏相应的能准确描述湍流燃烧的模型,精确反应化学反应动力学与流动相互作用的模型以及预测爆燃转爆轰的普适的模型。

1.1.1 火焰加速机理及其传播规律

可燃气体与空气或氧气混合后,遇到点火源或高温物体时会发生点火,火焰逐渐向未燃气体内传播,形成一道燃烧波。这种燃烧波一般会经历一个加速过程,在受到初始条件和周围环境的影响下可能形成爆轰波。自 Shelkin[4]通过实验发现管道中火焰存在加速现象后,各国学者围绕这一现象开展了一系列研究[5]。实验发现火焰加速过程中,层流火焰的火焰阵面会逐渐失稳,导致火焰面发生弯曲,从而火焰面面积增加[6]。单位体积内燃烧的气体的量增加,因此火焰不断加速。火焰在密闭管道内传播时,火焰诱导的压力波在火焰前方传播,当压力波传到管道末端时发生反射[7],反射的压力波与火焰面作用也使得火焰面失稳。表明火焰面失稳是诱导火焰由层流到湍流转变的主要机理,进而促进了火焰加速。Matalon[8]和 Sivashinsky[9]等进一步详细地研究了火焰面失稳机理,他们总结了火焰面失稳主要是由物质扩散不稳定和热扩散不稳定两种不稳定机理导致。Teodorczyk 等[10][11]研究了障碍物对火焰作用并促进火焰传播的机理,并研究了初始压力对爆轰波传播机理的影响,发现 Raleigh-Taylor(RT)不稳定性、Richtmver-Meshkov(RM)不稳定导致了火焰失稳并形成湍流火焰,随后激波在壁面上不断反射导致了爆轰发生。RT 不稳定即为当流体界面两侧存在不同密度时,流动的加速度方向由较大密度的一方指向较轻的一方,流体界面逐渐失稳;RM 不稳定为 RT 不稳定的特殊形式,是一种复杂的强非线性物理问题,当流体界面受到冲击作用时,界面上的扰动会不断增长并最终引起火焰失稳。障碍物促进火焰加速主要体现在障碍物对火焰头部的影响[12],由于障碍物的作用,火焰面前方流场中产生了涡流,这些涡旋使得火焰头部卷曲,导致火焰面表面积增加,最终导致火焰速度增加。另一方面,障碍物诱导湍流产生[13]，随着湍流的充分发展，大尺度的涡逐渐破碎，小尺度涡不断形成，导致火焰反应表面积增加进而速度增加。Masri 等[14]研究了障碍物的形状、尺寸和阻塞率对管道内可燃气体爆炸过程的影响。他们的研究结果可以总结为：①障碍物的形状对火焰传播的初始阶段影响不大，但是障碍物后方形成的漩涡内的流体流速不同；②在不同形状的障碍物中，当障碍物横截面为矩形时，其引起的火焰加速最快，而当障碍物截面为圆形时引起的火焰加速最慢；③最大爆炸超压通常随阻塞率的增大而升高，但升高的比率取决于障碍物的不同形状，平板型障碍物引起的爆炸超压最高，圆柱形障碍物引起的爆炸超压最低。Oh 等[15]研究了管道中不同状况的障碍物，包括障碍物尺寸、形状，对管道内燃烧波加速和气体爆炸过程的影响，实验结果得到障碍物能够加速火焰传播，但是在某些情况下，由于障碍物后方引起的涡流反而会降低火焰传播的速度。

火焰传播过程中受容器或管道的壁面影响非常大，由于壁面并非绝对光滑，以及壁面处存在热传导现象，这些因素都会影响火焰加速。Movileanu 等[16]对封闭圆形管道中乙烯-空气预混气体的燃烧爆炸开展实验研究。通过对实验数据的分析发现，壁面热传导造成了部分能量损失，且随着初始压力的增大以及实验管道长径比增大，损失的能量愈多。Karman 等[17]研究了冷壁面附近火焰传播特性，他们的研究基于热力学和燃烧的基本理论，忽略了不同组分间的变化和冷壁面对支链断裂的影响。认为壁面处的热传导和摩擦影响了流动和火焰面。Alay 等[18]利用二维偏微分方程组数值模拟方法研究了层流火焰在恒压条件下的冷平行板内的传播过程。结果得到了距离平板不同距离的火焰速度和结构，以及淬火距离、燃烧速度和火焰结构的淬火极限。还发现降低预混气体的浓度时，淬火 Peclet 数增加，而减小压力对于淬火 Peclet 数几乎没有影响，燃料组分的轴向扩散对于淬火 Peclet 数也没有作用，其中 Peclet 数定义为：$Pe=S_L D_H/\alpha$，S_L 为层流火焰速度，D_H 为淬火直径，以及 α 为热扩散系数。Lee 等[19]研究了热传导壁面条件下的圆管中静止火焰，得到淬火 Peclet 数为 18。Hackert 等[20]进一步更详细地对绝热和冷壁面条件下平板内火焰传播进行了研究，得到淬火 Peclet 数与总体传热系数的平方根成正比；并发现改变平板之间的间距时，火焰形状及速度会受到影响；绝热和热传导条件下，火焰形状有明显不同。Fairchild 等[21]利用实验方法研究了丙烷/空气的混合气体在不同宽度(9.75 mm、8.20 mm、7.60 mm、6.65 mm、5.25 mm)的平板间的传播,考虑了冷却壁面对火焰传播的影响,发现火焰受到冷却壁面的影响出现温度降低。Andrae等[22]利用数值模拟研究方法模拟了不同初始压力、不同低温壁面温度以及不同低温壁面材质下,低温壁面对预混火焰传播的影响。Gamezo等[23]在宽度为1.28 mm的窄管道内研究了低压条件下不同壁面热传导情况对火焰传播的影响,他们研究了三种壁面条件:绝热、热传导和部分热传导。当壁面为绝热时,火焰速度最大值以及管道出口流动速度值最大;当热传导系数增加时,火焰后方高温燃烧产物通过壁面损失能量导致火焰传播速度和出流速度降低;当壁面为热传导时,管道内不能看到明显的火焰加速,甚至发生火焰熄灭。Dion等[24]研究了冷壁面管道内火焰的加速传播和熄灭现象,发现在窄管道内,由于壁面热传导导致燃烧产物冷却而使得点火失败,火焰面不能与冷壁面接触,熄灭距离约为火焰面厚度的6倍。Ott等[25]研究了管道壁面温度对火焰传播的影响,壁面条件包括恒温和绝热两种情况,他们对比了流场的不同结构发现在两种边界条件下在火焰前方都能形成边界层,但是边界层内的可燃气体燃烧后形成的燃烧产物的流动方向不同,绝热条件下,边界层内燃烧产物先流向管道中间,然后向火焰上游传播,而在恒温条件下,边界层内的燃烧产物流向管道中间后只有一部分向上游传播,绝热管道内火焰传播速度及流动速度远远大于恒温条件的结果。

近年来,在工业生产特别是石油化工生产过程中,大型密闭容器和管道的应用日益广泛,可燃性气体大多采用密闭容器或管道来储存或输送,因此大尺度区域内可燃气体爆炸火焰加速的研究逐渐引起学者们的关注。据统计,在石油化工和天然气等行业中,在各种灾害事故中可燃气体爆炸事故占有的比例相当高,造成了严重的人员伤亡和财产损失。Zengin等[26]针对液化石油气的火焰传播进行了理论和实验研究,并根据实验数据建立了一个简单的分析模型。通过建立一个直径2.6 m长度25 m的大型爆炸管实验研究后发现,在气体种类、浓度保持恒定的情况下,在管道的一定距离内,火焰传播特性可以被认为是关于时间的一个指数函数。火焰的传播速度取决于湍流燃烧的速度和膨胀速率。Huzayyin等[27]通过实验研究测定了液化石油气/空气预混气体和丙烷/空气预混气体的层流燃烧速度和爆炸指数。研究得到,当量比为1.1时的液化石油气/空气预混气体的最大层流燃烧速度为455 mm/s,

当量比为 1.5 时的丙烷/空气预混气体的层流燃烧速度为 432 mm/s。液化石油气的最大爆炸指数(即爆炸严重程度参数)为 88 bar m/s,丙烷的最大爆炸指数为 93 bar m/s。Bjerketvedt 等[28]在直径为 1.4 m、长 40 m 的管道内研究了甲烷/空气的火焰传播速度。结果表明在管道的封闭端点火时,火焰速度最高可达 250 m/s;如果管道两端都封闭,最大速度不超过 100 m/s,在火焰速度达到约 15～20 m 后开始减速,没有发生爆轰现象,若在开口端点火,则火焰传播速度较慢。Bauwens 等[29]研究了 64 m^3 爆炸罐内氢/空气球形火焰加速过程,通过纹影技术捕捉了火焰面的结构,并测量了层流燃烧速率和火焰加速率与火焰半径之间的关系。Chen 等[30]研究了甲烷浓度对甲烷/空气预混气体的火焰微观结构以及火焰传播行为的影响。通过高速纹影图像系统和流场测量技术记录火焰传播和火焰结构发现,火焰前缘结构发生转变是火焰加速的前提条件,层流火焰向湍流火焰转化是火焰结构变化的原因。Phylaktou 等[31]在内径为 7.6 cm,长为 1.65 m 的封闭圆筒内研究了气体爆炸初期的火焰阵面的速度和压力变化规律,发现在总爆炸时间的最初的 5%～10%火焰速度增加最快以及爆炸压力上升速率最大,在这个时间段内,火焰传播距离已超过管道总长度的一半。何学秋等[32]在 80 mm×80 mm,总长为 21 m 的方形试验管道中,通过高速摄影和纹影等方法,从细观角度研究了网状障碍物对管道内瓦斯爆炸火焰细微结构的影响,以及火焰加速机理。研究表明,障碍物引起火焰前锋褶皱度增大,提高了火焰前方未燃气体以及火焰内部流场的湍流强度,从而促进了火焰加速。刘庆明等[33]在大型爆炸罐内研究了甲烷-空气预混气的爆炸过程,爆炸罐为 10 m^3 的圆角圆柱体,内径为 2.0 m,长 3.5 m,研究了甲烷/空气预混气体的火焰扩散过程,并将预混火焰分为缓慢成长和剧烈燃烧两个阶段。余明高等[34]利用自主搭建的易爆气体爆炸试验平台,研究了甲烷体积分数为 8%、9%、9.5%、10%、11%的甲烷/空气混合气体的爆炸特性。结果表明爆炸火焰在管道内经历了层流火焰传播加速、郁金香火焰传播速度变慢和湍流火焰传播速度增大 3 个特征阶段;爆炸管道压力表现出升压、振荡和反向冲击 3 个变化阶段;爆炸感应期、火焰最大传播加速度和最大爆炸升压速率等特征参数能更好地反映易爆气体的爆炸能力和爆炸强度。白春华等[35]利用内径为 0.199 m、长度为 32.4 m 的大型水平长直管道对甲烷-空气混合物的爆炸过程进行了研究。实验中利用浓度为394 g/m^{3}的环氧丙烷作为强点火源。在此条件下实现强点火使得甲烷-空气能够发生爆轰的转变，火焰传播在经历短暂的过渡阶段、调整阶段后最终以自持的爆轰波传播。当甲烷浓度为9.13%时，火焰在经历了过渡阶段和调整阶段后能够进入稳定爆轰阶段，此时爆速维持在1 700 m/s。秦润[36]在直径为8.8 cm和10.8 cm的管道内研究了变直径和弯管角度对甲烷/空气混合气体爆炸传播规律。当变直径管直径或长度增加，最大爆炸压力和火焰传播速度均增大，而弯管使得最大爆炸压力增大，火焰传播速度加速。叶经方等[37]在58 mm×54 mm×320 mm的方管内采用高速阴影技术研究了楔形障碍物与火焰的作用过程。陆守香、周宁等[38][39]在长1.5 m的有机玻璃管内研究了障碍物对火焰加速过程的影响。郭子如等[40]-[42]在此基础上采用高速摄像、压力和火焰传感器研究了障碍物对瓦斯爆炸火焰传播特征参数的影响。Na'Inna等[43][44]在内径为16.2 cm，长为4.5 m的管道内研究了障碍物间距对火焰加速的影响，发现存在能使爆炸压力达到最大值的障碍物最优间距，并非障碍物之间越拥挤爆炸压力就越大，结论同样适用于对火焰传播速度的作用。Zhu等[45]在截面为8 cm×8 cm、长12 m的管道中研究了管道中瓦斯浓度变化对火焰传播速度的影响。喻健良等[46]利用内径为12.7 mm，管长3.5 m的圆形截面管道，研究了初始压力对管道中甲烷/氧气混合气体爆炸火焰速度的影响，证明初始压力会影响不同的火焰传播模式。Bradley[47]研究了瓦斯/空气和丙烷/空气混合气体的爆炸过程，测量了火焰传播速度，发现火焰速度以时间的平方根形式发展。Liberman等[48]研究了管道边界层对火焰速度的影响，得到了边界层与初期火焰传播速度之间的关系。费国云[49]在长29 m、断面为3.14 m^{2}半封闭管道中实验了瓦斯爆炸沿巷道传播的特性。罗振敏等[50]采用高速摄录分析系统，对不同浓度瓦斯爆炸初期火焰传播特性进行了实验研究，发现初始阶段火焰速度有个突变过程，瓦斯浓度越大，突变时间越短。仇锐来等[51]在内径为70 cm，总长为93.1 m的大型爆炸管道内研究了瓦斯爆炸的传播规律，分析了爆炸压力和火焰速度随时间的变化规律，得到最大爆炸压力值出现在爆炸源附近，随后沿着管道逐渐降低；火焰在管道内传播时速度逐渐增加，最大值出现在管道出口附近，在爆炸源附近火焰速度增长率最大。徐景德等[52][53]针对煤矿瓦斯爆炸，在断面积为7.2 m^{2}的方形断面巷道中研究了预混气体浓度、点火源的不同位置以及障碍物对瓦斯爆炸过程的影响，发现火焰传播过程存在尺度效应；障碍物在火焰区和非火焰区都对高速气流的传播存在激励效应；瓦斯爆炸火焰区长度远大于初始瓦斯积聚区长度，两者之比为1∶(3～6)；瓦斯爆炸压力最大值不是出现在爆源处，而是出现在距爆源一定距离的位置；巷道内各点压力从初始压力上升到最大值时都需要一个延迟时间，当测点距离爆源越远，延迟时间越短，即压力上升到最大值的时间越短。杨书召等[54]对巷道受限空间瓦斯爆炸冲击波波阵面后高速气流的传播特性进行了理论分析和数值模拟。其结果表明井下瓦斯爆炸事故中高速气流的传播速度随传播距离的增加而减小。依据我国陆地地面风力等级划分标准可知高速气流的等级为飓风级，对井下人员伤害巨大。王大龙等[55]通过理论推导和研究大量典型实验数据分析了瓦斯爆炸火焰和前驱激波的传播规律及两者的相似性，即先加速后再减速传播，最终火焰以层流预混气体燃烧速度传播，前驱激波衰减为声波。研究还发现实际参与反应的瓦斯量是影响瓦斯爆炸火焰传播规律的重要因素。徐胜利等[56]对燃料-空气云雾爆炸进行了数值模拟研究，包括对多爆源爆炸波的传播过程。针对贴地和近地等不同的爆源位置，研究了两团云雾爆炸后爆炸场的相互作用，得到了多爆源爆炸后冲击波的传播和爆炸场复杂的波系结构，确定了爆炸场任意位置的压力-时间变化历程以及爆炸场的特征参数。毕明树等[145]编制了求解可燃气云爆炸过程的定解方程的数值模拟程序，并对开敞空间乙炔/空气气云爆炸进行实验检验，数值模拟结果与实验结果相比误差在13%以内。表明最大压力和压力增加速率随着气云半径的增大而增大，而且随着气云爆热的增大而增大。Johnson等[57]对2005年3月英国赫特福德郡储油设施蒸气云爆炸事件进行分析并进行了实验研究。通过实验研究以及参照相关资料，得到结论是设施内部及周边环境中的障碍物，比如树木，促使火焰加速形成气云爆炸。Groethe等[58]研究了体积为300 m^3 的半球形氢气/空气的爆炸过程，在其中布置了直径为0.46 m长为3 m障碍物，体积阻塞比为11%，发现障碍物并没有对火焰传播起到加速作用，但当障碍物密集到一定程度时，火焰加速明显，甚至会导致爆轰。

对于火焰加速机理的研究，虽然已经有很多定性的和定量的结论，但是对于现实中发生的可燃气体爆炸火焰的传播规律，特别是大尺度区域内复杂环境下爆炸火焰的数值模拟仍然需要进一步深入研究。

1.1.2 爆燃转爆轰机理

Mallard 和 Le Chatelier[59] 最早观测到爆燃波到爆轰波的转变现象，证实在气体爆炸过程中存在爆燃和爆轰两种燃烧模式，之后学者们针对爆燃转爆轰现象开展了一系列研究。Urtiew 和 Oppenheim[60] 通过实验研究发现 DDT 包含了两个阶段，即火焰的逐渐加速阶段和爆轰波的形成阶段。首先，低速火焰在一定条件下不断连续加速，并转变为高速的湍流火焰，但是此时火焰速度仍然是低于声速的；然后在壁面上边界层内火焰发生失稳，在这些失稳区域或者在湍流火焰面附近能够产生局部爆炸，即出现热点(hot spot)。局部爆炸产生的更强的压缩波向外传播并使得化学反应速率增加，进而形成爆轰泡(detonation bubble)。他们将火焰加速过程从爆轰波形成的 DDT 过程中分离出去，对于研究爆燃转爆轰的机理具有重要的推进作用。Lee 等[61] 首先考虑了爆燃波在光滑长管道中不断加速到爆轰波的转变过程，研究的可燃气体为乙炔/氧气预混气体，高速纹影图确定了爆燃转爆轰距离，发现转变距离与混合气体的特征属性有关，而且还与初始条件和边界条件有关。Urtiew 等[62] 研究发现加速中的爆燃波在传播时不断生成压缩波，这些压缩波在火焰前方不断聚合形成较强的前导冲击波，最终在管道壁面处出现多个局部爆炸中心，爆炸中心随时间不断扩大，最后形成爆轰波。Knystautas 等[63] 在内径为 15 mm 长为 3.6 m 的钢管内研究了苯/空气的火焰加速以及爆燃到爆轰的转变过程。管道内布满了阻塞比为 0.43 的障碍物，障碍物间距等于管道直径，结果表明火焰传播经历三种阶段：(1)湍流火焰阶段，火焰速度低于 100 m/s；(2)壅塞阶段，火焰速度约为 700～900 m/s；(3)准爆轰阶段，速度为 CJ 爆速的 50%～100%。Lee 等[64] 在内径为 5 cm、15 cm 和 30 cm，长度在 11～17 m 的管道内研究了障碍物对火焰加速及爆燃转爆轰的影响，结果表明火焰传播存在四种机制：熄火、壅塞、准爆轰与 C-J 爆轰，同时发现，能够转变为爆轰波的临界条件为障碍物内径与爆轰胞格尺度的比值在 1 到 13 之间，在阻塞率为 0.4 时，临界条件为障碍物内径与爆轰胞格尺度的比值为 3。

但是，爆燃转爆轰现象是一个随机过程，即转变的距离、位置是不能确定的。实际上,爆燃转爆轰的发生依赖于实验的条件和可燃气体的爆炸特性[65-68]。Kuznetsov 等[69][70]在长 1.05m 的光滑管道中研究了不同初始压力对当量比浓度的氢/氧混合气体 DDT 转变距离的影响,同时研究了浓度对甲烷/空气混合气体 DDT 临界转变条件。Gamezo 等[71]在内径为 1.05 m 的管道内研究了天然气的爆炸过程,得到了天然气的爆轰传播特性和爆炸极限,在大管道内预混气体的爆炸极限比在小管道内的结果要宽;接近爆轰极限时的爆轰胞格大小与螺旋爆轰时的胞格大小不同;胞格结构非常不规则,且大胞格内包含了很多小胞格结构。Dorofeev 等[72]通过实验研究发现爆轰胞格结构决定了爆燃转爆轰的触发临界条件,如果胞格结构是非规则的,则容易实现爆燃到爆轰的转变。Wolanski 等[73]研究了火焰穿过障碍物的过程,发现障碍物增加了火焰加速率,并缩短了爆燃转爆轰距离,由于压力波在障碍物之间不断反射,导致在障碍物之间出现局部压力峰值,进而导致局部爆炸并触发爆燃转爆轰。Ming-Hsu Wu 等[74]建立了直径为毫米量级的毛细管道,通过实验方法研究了在毛细管内可燃气体爆炸火焰传播的规律。利用高速摄像技术拍摄了不同管道直径内(0.5 mm、1 mm、2 mm 和 3 mm)当量比的乙烯/氧的 DDT 过程。管道总长为 1.5 m,在管道中间点火,初始压力和温度为常温常压。实验结果发现了 5 种传播形式:爆燃转爆轰并最终形成稳定爆轰(DDT/CJ detonation)、震荡传播的火焰(oscillating flame)、稳定传播的爆燃火焰(steady deflagration)、驰震爆轰(galloping detonation)和中途熄灭的火焰(quenching flame)。在 4 种宽度的管道内都观察到了 DDT/CJ 模式,其中在宽度为 1 mm,2 mm 和 3 mm 管道内的爆轰波传播速度接近 CJ 爆轰速度,而在 0.5 mm 宽的管道内爆轰速度比 C-J 爆轰速度低 5%。

传统观点认为,爆燃转爆轰的发生基于火焰前方的流动变为湍流,即只要出现高速传播的湍流火焰,其生成的强压缩波使得压缩的未燃气体的点火延迟时间足够短,就会发生爆燃转爆轰。Zeldovich[75]同意火焰与流动的相互作用促进了火焰加速传播的观点,但他不认为湍流是导致火焰加速的主要原因。他通过在无滑移管道内的实验发现上游流场中的非均匀分布导致火焰面拉伸是引起火焰加速的主要原因,湍流只起到了次要的辅助作用。最近的实验研究[76,77]测试了在光滑管道内火焰传播时上游的流动是否一定会变为湍流,结果表明火焰面前方的流场一直保持层流状态直到发生爆燃转爆轰。理论分析和数值模拟结果也证实了这个结论[78,79]，即爆轰的转变也可能在层流火焰中发生。目前，关于爆燃转爆轰的机理，普遍被接受的观点是爆轰的发展总是源于未燃气体中热点(Hot spots)的出现，热点逐渐发展，通过 Zeldovich 梯度机理最终形成爆轰波。与 Zeldovich 梯度机理类似的解释为激波增强与化学反应能量释放形成同步，即 SWACER 机理，强冲击波支持爆轰波的传播[80]。Bartenev 和 Kapila 等[81,82]的研究结果证实在反应梯度内确实能发生爆燃转爆轰，但是反应梯度究竟怎么引发的爆轰转变至今仍然未解释清楚。Liberman 等[83]研究发现火焰在加速过程中，火焰前方的未燃气体中形成一个预热区域，预热区域与火焰传播形成正反馈机制是爆燃转爆轰过程中必不可少的过程。预热区域的出现，无论在此区域内是否存在反应梯度，都能使得温度曲线的斜率发生变化从而触发爆燃转爆轰。爆轰的转变对预热区域的宽度和其内部的温度非常敏感，火焰的法向传播速度和与压力有关的化学反应速率有利于更快的火焰传播和更高阶的化学反应发生。Oppenheim 团队[84-86]发现了爆燃转爆轰发生的四种模式：(1)等容爆炸；(2)在火焰面上发生转变；(3)在前导冲击波上发生转变；(4)火焰面前方压缩波叠加形成的接触间断处发生转变。结果进一步证实爆燃转爆轰是一系列连续发生的事件中的随机过程。

由上可知，爆燃转爆轰的研究已经进行了很多年，且得到了很多重要结论，但是爆燃转爆轰过程随机性较强，很多结论仍然缺乏定量评估的结果，例如临界起爆条件目前还不清楚，揭示爆燃转爆轰的机制仍然是燃烧领域的重大挑战。

1.1.3 数值模拟研究

关于可燃气体爆炸火焰传播的数值模拟研究，直到最近几十年来才有了较快的进展。随着计算机能力的不断提升，目前数值模拟方法已经能够重现火焰阵面及爆轰波的精细结构，并成为研究可燃气体爆炸的重要手段。可用于研究可燃气体爆炸的数值模拟方法主要有三种，即直接数值模拟(DNS)、雷诺平均数值模拟(RANS)和大涡模拟(LES)。直接数值模拟即直接求解 N-S 方程，不需要湍流模型，可以获得流场的详细信息，包括各种尺度的随机运动。目前 DNS 方法已经能够模拟多种问题，包括平板流、槽道流、前台阶和后台阶流动，以及带化学反应的湍流流动，但是由于计算条件的限制，DNS 还只能针对小尺度低雷诺数流动问题进行模拟，还不能对现实中的工程问题进行模拟。RANS 方法由于其方法简单计算量小是目前工程上最广泛使用的方法。RANS 方法即对 N-S 方程进行系综平均，基于雷诺应力依据湍流理论知识做出各种假设，建立湍流模型封闭方程。目前常用的湍流模型可以分为两大类：一类是针对不封闭的二阶脉动项建立控制方程，形成二阶矩封闭模型，或称为雷诺应力模型；另一类是基于 Boussinesq 的涡黏假设，通过不同的封闭模式模化雷诺应力，主要有零方程模型、一方程模型和二方程模型等。RANS 方法虽然计算方便，但得到是流场信息的平均量，而且受到湍流模型的限制，不能对流动的详细机理进行研究。LES 方法介于 DNS 和 RANS 方法之间，其基本思想为对大尺度运动进行直接计算，小尺度涡旋运动对大尺度运动的影响通过模型来描述。LES 计算量比 DNS 小，同时能比 RANS 获得更多的流场信息，LES 方法在科学研究和工程应用上都显示出良好的发展前景。

Bychkov 团队[87][88]最先结合理论分析，对光滑半封闭无限管内层流火焰加速进行了数值模拟，数值模拟方法采用二维直接数值模拟，建立了带化学反应的流体动力学欧拉方程，化学反应模型采用一步不可逆 Arrhenius 公式，数值格式采用 2 阶迎风格式有限体积方法和 3 阶 Runge-Kutta 方法。研究发现雷诺数对火焰加速率有很大的影响，随着雷诺数增加火焰加速率减小。Bartenev 等[89]利用一维数值模拟对热点起爆进行了深入的研究，总结了诱导时间梯度下的爆轰波形成过程，并阐述了不同的线性梯度分布对爆炸过程的影响，给出了爆轰波形成的必要条件。Gamezo 等[90][91]建立了二维 N-S 方程组，结合一步总包反应模拟了带障碍物的管道内爆燃转爆轰现象，数值格式采用显式二阶精度 Godnov 差分格式，研究了障碍物对火焰加速的影响以及障碍物间距对 DDT 的影响。发现壁面处反射的激波与障碍物作用形成的马赫杆触发了爆轰。Poludnenko 和 Oran[92]建立的控制方程没有考虑黏性作用，即用数值误差代替耗散作用，研究了高速湍流与火焰的相互作用，结果表明反应区内小尺度涡对火焰全局特征影响较小。王成等[93-96]建立考虑了黏性作用及热传导效应的化学反应流体动力学 N-S 方程，结合高精度 WENO 格式和自主提出的保正格式对可燃气体爆炸进行了系统研究，得到了一系列创新性的成果。分析了边界层对火焰加速的机理，给出了膨胀比以及雷诺数对火焰加速的影响规律；研究了障碍物加速火焰的机理，发现在障碍物的强约束作用下，火焰加速率依赖于障碍物高度，但是随着约束作用减弱，障碍物之间未燃气囊的快速燃烧促使火焰加速传播；提出了火焰阵面前方压缩波与边界层的相互作用是导致爆燃到爆轰转变的主要机制；发现三维空间内火焰更容易失稳，因为第三维方向湍流效应与涡管的作用增强了对能量的输运和流动不稳定性，与二维结果相比火焰加速更快，爆燃转爆轰距离和时间更短；发现爆轰不稳定性与初始扰动模式有关，但是高度不稳定的螺旋爆轰的触发与初始扰动模式无关，稳定爆轰则保持初始模式传播。近年来随着超级计算机的诞生，计算能力迅速提高，直接数值模拟方法得到快速发展，计算维度由原来的一维和二维已经推广到三维，化学反应动力学模型由简单的总包反应发展到详细化学反应模型。Ivanov 等[97]基于 N-S 方程组采用基元反应模型和二阶精度的 CPM 格式对管道内氢气/氧火焰加速及爆燃转爆轰过程进行了模拟，利用基于 Gear 算法的隐式方法求解方程组以消除刚性问题。Taylor 等[98]采用基元反应模型和 5 阶 WENO 格式对氩气稀释氢/氧预混气体的爆轰波传播过程进行了数值模拟研究，通过算子分裂法对流动和反应进行解耦处理解决了刚性问题。Dzieminska 等[99]采用基元反应模型和 MUSCL 差分格式对管道内氢/氧预混气体的火焰加速及爆燃转爆轰过程进行了模拟，利用点隐式算法和时间算子分裂算法解决了刚性问题。王健平等[100]以氢气为燃料采用两步化学反应模型，并利用五阶 WENO 差分格式对圆柱坐标系下的控制方程组进行离散，对旋转爆轰发动机进行了数值模拟研究。范玮等[101]采用基元反应模型与二阶迎风格式数值模拟了小能量点火触发爆轰的起爆过程。董刚等[102]采用氢气/空气的详细化学反应机理针对斜爆轰发动机进行了数值模拟研究，将化学反应项与对流项分开处理，化学反应项采用基于 Gear 算法的隐式方法求解以消除反应刚性的影响。姜宗林等[103]采用基元反应模型并利用 MUSCL 差分格式研究了边界层对驻定斜爆轰结构稳定性的影响，使用点隐方法处理化学反应源项中的刚性问题。王昌建等[104]采用基元反应模型与五阶 WENO 格式研究了气相爆轰波反射过程所涉及的复杂波系演变，使用二阶附加半隐的龙格-库塔法处理爆轰化学反应所引起的刚性问题。

直接数值模拟方法虽然能够捕捉到流场的详细信息，但是其还是受到计算量巨大的限制，目前还不能应用于实际工程问题的研究。对于现实中可燃气体爆炸事故的数值模拟研究，现在大多使用商业软件。商业软件采用 RANS 方法,低阶精度的数值格式,能够快速给出爆炸流场的整体特征,受到众多学者以及技术人员的广泛应用。庞磊等[105]应用商业软件 Autoreagas,对全尺寸煤矿巷道内瓦斯爆炸的瞬态流场进行了数值模拟,得到了冲击波与高温气流流动的时空关系。研究表明在首次瓦斯爆炸后,在近场区域和远场的部分区域内极有可能引发二次爆炸,通过模拟结果给出了可能发生二次爆炸的区域长度与瓦斯积聚区长度的函数关系式,以及巷道内远场中某位置温度和超压到达的时间间隔随轴向距离以及瓦斯区积聚区长度的分布特性。王志荣[106]以管道及连通容器内均匀预混气体的爆炸问题为研究对象,使用商业软件 Fluent 对其过程进行了仿真数值分析,结果表明混合气体成分、管道结构、障碍物及点火源位置都会对管道内预混气体的爆炸过程产生影响,数值模拟分析得到的火焰传播速度、超压变化以及湍流等结果与实验结果符合较好。司荣军等[107]对大型巷道内瓦斯爆炸进行了真实试验,在此基础上利用 LS-DYNA 数值模拟软件对其进行了模拟。杨宏伟和范宝春等[108][109]基于模型和改进的涡破碎(EBU-Arrhenius)燃烧模型,考虑了障碍物对流动的影响,改进了方程中源项建立了湍流燃烧传播的数学模型。数值计算选用 simple 格式,模拟了长 10 m,横截面为 2 m×2 m 的方形管中的气体爆炸过程。管道一端封闭而另一端开口,点火点位于闭口端,管道内分别放置了高度为 0.25 m、0.5 m、1.0 m 的障碍物,结果表明障碍物附近火焰的传播速度变化剧烈,而且障碍物高度对火焰传播的影响明显。唐平和蒋军成[110]通过 k-ε 湍流模型和漩涡耗散概念模型(EDC)建立了泄爆管泄放气体爆炸的模型,并模拟容器内置障碍物时泄爆管泄放气体爆炸火焰的传播过程,分析了障碍物形状、阻塞率、位置、个数对超压和压力上升速率的影响。王春等[111]对多障碍物通道中的起爆过程进行了数值模拟,在几乎相同的几何参数条件下得到了不同的热点起爆位置,表明障碍物的位置、间距影响了起爆的位置。

Sharma 等[112]对 2009 年印度石油公司一个燃料储存区发生的蒸气云爆炸进行了研究,利用商业软件 PHAST 对爆炸事故进行模拟,结果量化了爆炸的超压,验证了爆炸的破坏程度,揭示了蒸气云爆炸的传播规律。Tauseef 等[113]提出了湍流模型与涡耗散模型相结合的 CFD 模型对蒸气云爆炸进行了模拟,结果表明障碍物促进了燃料与空气的混合并增强了爆炸强度。Tomizuka 等[114]利用分形理论研究了无约束空间中湍流火焰发展机制,模拟了氢气/空气预混气体在三维大尺度空间内的爆炸过程，通过与实验数据对比分析，评价了湍流燃烧速度函数中经验常数的取值。Hanna 等人[115]利用商业软件 FLACS 模拟了液氯槽车发生泄漏爆炸后的应急响应决策，并将研究结果和其他简化的二维模型结果进行了比较，认为三维模型能更好地解释气云流场中的细节问题。Dadashzadeh 等[116]利用 FLACS 软件再现了爆炸事故的发展过程，并识别出平台超压区域，发现发动机舱和平台上拥挤度高的区域内爆炸超压分别达到 1.7×10^5 Pa 和 8×10^4 Pa，得到了拥挤度低的区域内超压较低，拥挤度高的区域超压较高。Berg 等[117]采用 FLACS 软件对海上石油钻井平台的爆炸事故进行了模拟研究，对甲板之间的格栅、隔墙，以及不同的隔离间隙结构等风险控制因素对爆炸超压的影响进行了分析，以此为 FPSO 安全设计提供指导。Eunjung 等[118]对氢气加气站泄漏爆炸风险进行了研究，确定了氢气加气站设施之间的安全距离。Angers 等[119]采用 FLACS 软件对氢气压力吸附装置的氢气泄漏进行了流体动力学模拟，研究了障碍物、局部约束、泄露方向、风向等因素对可燃气云形成过程的规模和爆炸威力的影响，并研究了可燃气云的爆炸过程，得到了从点火开始爆炸超压随时间变化的近似函数。钱新明等[120]针对某个城市居民区的液化气瓶站，采用数值模拟方法模拟了液化气钢瓶发生泄漏后发生的爆炸对气瓶站和周围建筑的冲击波和温度的影响；分析了冲击波对建筑可能造成的损坏情况，并根据模拟结果提出了改进液化气瓶安全性的技术措施。并对青岛“11・22”原油蒸气爆炸事故进行了研究[121]，分析了爆炸特点和致因机理，指出爆炸超压和飞行的碎片是导致人员伤亡和结构损伤的主要原因。高永格等[122]利用 Fluent 软件对巷道截面缩小对瓦斯爆炸传播的影响进行数值模拟。研究结果表明，截面突然缩小的巷道内爆炸火焰的传播速度要明显大于截面渐缩的巷道，而瓦斯爆炸冲击波的压力在巷道截面突变处达到最大值。Ma 等[123]利用数值模拟方法研究了瓦斯爆炸事故中气体膨胀形成的高速高温气流，高速气流能够带来很高的动态压力，和爆炸压力在同一数量级，甚至管道开口端处动态压力会高于爆炸压力，与爆炸压力相比高速气流可以持续更长的时间，造成更大的损失。黄光球等[124]依据具有空气冲击波传播阻抗的空气冲击波关系式推导出了煤矿井下空气冲击波在变断面和逐步转弯巷道中传播的波阵面参数的理论计算公式，得到的结果能够准确计算出断面变化较大条件下的空气冲击波波阵面传播速度、空气流速、温度、超压等参数，为控制井下空气冲击波的危害提供了理论依据。蔺照东[125]运用显示动力分析软件 LS-DYNA 对巷道内瓦斯爆炸冲击波传播过程进行了数值模拟。对巷道拐弯、巷道分岔、巷道截面面积变化和巷道内设置障碍物模型的影响进行了简化分析。得到巷道内设置障碍物时，障碍物对瓦斯爆炸传播过程具有明显的激励效应；拐弯处和拐弯巷道内爆炸压力峰值明显高于直巷道的结果；巷道内分岔对瓦斯爆炸压力具有明显的排泄作用；巷道截面积突然扩大使得激波波速增加，降低了瓦斯爆炸压力，巷道截面积突然缩小降低了激波波速，但却增加了瓦斯爆炸压力。曲志明等[126]运用 Autoreagas 数值分析系统对巷道内置障条件下瓦斯与空气混合气体的爆炸过程进行分析和研究。结果表明障碍物的存在使得密度升高的幅度更大，爆炸超压升高，混合气体流动速度以及爆炸过程中燃烧速度出现不规则振荡，数值模拟结果与实验数据比较吻合。

当前，RANS 方法在气体爆炸的数值模拟研究中虽然得到普遍应用，但是由于其只关注平均运动，对气体爆炸进行模拟时将丧失很多流场中的细节信息。例如对于复杂的几何边界内的流动，要捕捉到其详细结构需要把网格画到直接数值模拟要求的尺度，所以 RANS 方法根本不能满足要求。LES 方法作为介于 DNS 方法和 RANS 方法之间的一种方法，能够对高雷诺数流动、壁面湍流流动等问题进行模拟，所以近年来该方法得到了迅速发展，并应用于燃烧和爆炸领域。Gao 等[127]最先将 LES 方法应用到燃烧科学的研究，他们发展了模拟复杂反应流的模型，将 LES 方法和概率密度函数方法结合并提供了模型中不封闭项的封闭方法。LES 和 RANS 方法一样，都需要建立湍流模型和化学反应模型，Pope[128] 和 Bilger 等[129] 多次指出，由于燃料与氧化剂混合以及发生化学反应的尺度往往在 LES 不能精确求解的尺度，所以 LES 在模拟燃烧问题时必须建立湍流流动和化学反应动力学的亚格子尺度模型。LES 中的湍流模型与 RANS 中的湍流模型相似，最常用的是 Smagorinsky 模型[130]。Germano 等[131]在此基础上提出一种动态模型，以及 Lilly 用最小二乘法改进了动态模型[132]，而 Kim 则建立了亚格子湍动能输运方程[133]，并证明 K 方程模型适用于模拟高雷诺数流动中的近壁流和层流区。

对于 LES 中化学反应动力学模型的模化，Peters[134] 把 Level-set 方法引入到湍流预混燃烧的模拟中，认为小尺度的涡能够渗透到预热区域但是不会影响化学反应区域,基于薄火焰面假设,用标量函数 G 表示燃料质量分数的等值面来描述薄火焰面的位置。Boger 等[135]基于反应进程变量 c 的过滤方程,定义了亚格子尺度火焰面密度模型,利用 LES 方法研究了湍流预混火焰与各向同性湍流的作用过程,并和直接数值模拟的结果进行了对比,验证了模型的有效性。Colin 等[136]在大涡模拟研究中提出了增厚火焰模型(thickened flame model),其基本思想是人工增大火焰面的厚度,实现可以在大涡模拟网格的尺度上进行求解,同时保持层流火焰的传播速度不变。使火焰面增厚的具体操作为减小 Arrhenius 化学反应定律中的指前因子,同时增加分子扩散系数。但是,Colin 指出当火焰面增厚以后,火焰与湍流的相互作用受到了影响,必须另外建立模型。Colin 通过利用直接数值模拟研究的火焰与涡的相互作用结果,提出了功效函数来弥补火焰被增厚后对小尺度涡的影响不敏感的不足。Charlette 等[137][138]认为亚格子尺度湍流火焰的模化与褶皱因子直接相关,他提出了新的火焰面有效拉伸模型和亚格子尺度褶皱因子,认为褶皱因子为亚格子尺度湍流火焰速度与层流火焰速度的比值,并给出幂律函数表达式。Legier 等[139]基于增厚火焰模型并考虑燃烧过程可能同时包含预混和非预混的情况,提出动态增厚火焰模型(dynamically thickened flame model),并给出了二维的测试算例。周力行等[140][141]提出了二阶距亚格子燃烧模型,并对甲烷/空气旋流燃烧进行大涡模拟,与实验结果对比符合较好。

近年来 LES 方法已经得到相当大的完善,Pitsch[142]对 LES 方法的研究进行了综述,对比了 RANS 和 LES 模拟预混/非预混湍流燃烧的不同,明确了 LES 方法封闭模型中存在的问题,为将来 LES 的研究提供重要的理论基础。目前很多学者已经利用 LES 结合小火焰模型、火焰面密度模型以及增厚火焰面模型模拟了可燃气体爆炸过程,包括火焰加速、障碍物对火焰传播的影响、爆燃转爆轰和爆轰波的传播过程。Sankaran 等[143]对细长管道中瓦斯爆炸的火焰结构建立了亚网格模型,利用大涡模拟框架(LES)获取了高度拉伸的预混火焰的三维火焰结构,模拟结果和实验得到的结果相当吻合。Molkov 等[144]用大涡模拟方法研究了无约束空间中氢气/空气爆炸过程,并与实验结果对比,发现无约束空间内湍流火焰主要是由火焰本身不稳定产生的湍流引起的。毕明树等[145][146]采用 LES 湍流模型与预混燃烧模型对直径 $D=104$ mm,长度 $L=2\ 400$ mm 的圆柱形容器内甲烷-空气预混爆炸进行了数值模拟,模拟最大爆炸压力与实验结果吻合。研究内容揭示了密闭长管内气体爆炸火焰传播规律。Sarli 等[147]利用大涡模拟研究了小尺度燃烧腔内障碍物对火焰加速的影响,得到的火焰面位置和速度随时间变化以及火焰面形状与实验结果相比符合较好。Neto 等[148]结合高精度 CENO 有限体积格式,利用 LES 方法研究了实验室尺度的本生灯形甲烷/空气预混火焰,并对高精度格式的性能进行了验证。Makarov 等[149]利用 LES 方法模拟了 6.37 m^3 的容器内预混氢气/空气的火焰传播过程,结果显示了球形火焰面的胞格结构。Wen 等[150]利用商业软件中的 LES 方法研究了半封闭燃烧腔内火焰加速过程,化学反应模型采用了幂律火焰褶皱模型,结果再现了火焰与涡相互作用的过程。Luo 等[151]利用 LES 方法结合动态二阶距封闭模型研究了湍流燃烧,对于平均化学反应速率,他们基于 Arrhenius 定律采用温度的指数函数作为一个独立的变量,然后用二阶距模型进行封闭,亚格子尺度的模型系数都采用动态的形式。Molkov 等[152]利用 LES 方法研究长为 78.5 m 的隧道内氢气/空气预混气体的爆炸过程,得到火焰传播的规律和压力上升的过程。Emami 等[153]利用开源软件 OpenFoam 中的 LES 方法模拟了设置有障碍物的管道中火焰加速及爆燃转爆轰过程,化学反应模型为增厚火焰面模型,数值格式为二阶有限体积格式,结果发现,火焰在慢速传播时,火焰与涡的作用促使火焰面发生褶皱是火焰面面积增加的主要原因,进而促进了火焰加速,当火焰以高速传播时,火焰传播的主要机制为反射激波与火焰的相互作用,最终触发了 DDT。Robert 等[154]利用 LES 方法研究了内燃机内爆震的问题,发现了两种爆震发生的形式。Zbikowski 等[155]将 LES 方法应用到爆轰波传播的研究中,基于反应进程变量方程描述爆轰波反应面的传播,得到的结果由 ZND 理论进行验证,结果显示得到的最大压力值比理论 Von Neumann 峰值略低,而比 C-J 压力值高,但是模拟结果与实验值相差不大。Maxwell 等[156]利用 LES 研究了不稳定爆轰波反应区域的结构和燃烧机制,并发现湍流的尺度控制了未燃气囊的反应速率、爆轰胞格的分布及其结构。

综上所述,基于可燃气体爆炸事故仍然频繁发生,而且依然是工业生产和日常生活中亟待解决的严重威胁,在现有的可燃气体爆炸理论的基础上,还需深入研究火焰加速、爆燃转爆轰以及爆轰传播过程的机理,为爆炸灾害事故的预防和治理提供理论支持。

1.2　本书主要内容

本书针对可燃气体的爆炸问题，研究了火焰加速及爆燃转爆轰机理，利用直接数值模拟研究了壁面热传导对火焰加速和爆燃转爆轰的影响，利用大涡模拟方法研究了复杂环境下爆炸火焰的传播规律，以及管道内障碍物对火焰加速及爆燃转爆轰的作用机理。具体内容如下：

(1)第2章采用直接数值模拟方法研究壁面热传导效应对火焰加速及爆燃转爆轰的影响。揭示壁面热传导对火焰加速率、爆燃转爆轰时间以及稳定的爆轰传播速度的影响；研究壁面热传对火焰后方燃烧产物的流动，以及其对管道内气体向上游流动的趋势的影响；发现当管道壁面为绝热时，由于边界层与流场的相互作用，边界层内未燃气体出现点火并形成超快火焰在火焰面前方的壁面处传播，管道中心处的火焰与前导冲击波耦合时形成爆燃转爆轰；当管道壁面为热传导壁面时，边界层内没有出现超快火焰，而是在火焰前方出现早燃现象，触发了爆燃转爆轰。

(2)基于建立的N-S控制方程组，通过空间过滤得到LES控制方程组，对于动量方程右端的不封闭项，构建亚格子尺度湍动能方程建立了湍流模型；对于化学反应动力学模型研究小火焰模型、褶皱火焰面模型和增厚火焰模型；数值格式结合高精度WENO格式和TVD-Runge-Kutta格式，研发了高精度大规模并行计算程序，最后实现用LES方法对火焰从点火到爆燃最后到转变为爆轰波的整个过程的数值模拟研究。

(3)研究了管道宽度对爆燃转爆轰的影响，结果发现在毫米量级管道内，火焰能够迅速加速并很快转变为爆轰；当管道宽度小于可燃气体的爆轰胞格尺寸，爆轰波传播过程中没有出现明显的胞格结构，且爆轰波波速小于CJ爆速；随着管道宽度增加，爆燃转爆轰距离增加，火焰加速到爆轰经历的三个阶段越明显，爆轰波速度越接近CJ爆速，且由于横波的相互碰撞使得爆轰波在传播过程中三波点的轨迹形成胞格结构。

(4)通过研究矿井内瓦斯爆炸过程，发现造成严重的破坏主要原因是由高速气流以及高温、高压燃烧产物导致的。得到瓦斯爆炸的危害距离远远大于瓦斯积聚区长度，当积聚区长度为14 m时，距离点火点360 m处的爆炸超压仍然超过0.5个大气压，气体流动速度超过100 m/s，足以导致人体损伤。随着瓦斯积聚区长度增加，最大爆炸超压值、气体流动速度和火焰传播距离都增加，且火焰区域长度与预混气体积聚区长度之比为5～7。

(5)通过建立数值模型对管道内火焰加速及爆燃转爆轰的整个过程进行数值模拟研究，通过与实验结果进行对比，验证数值模拟的可行性和有效性。在小尺度管道内，火焰与压力波和流场的相互作用促进了火焰加速；随后火焰与冲击波的相互作用使得压力不断升高，边界层内形成超快火焰触发了局部爆炸，最终实现爆燃转爆轰。

(6)针对大尺度长直管道内可燃气体爆炸过程，对比了实验结果和数值模拟结果，发现没有障碍物时，火焰不易能转变为爆轰波，其速度整体趋势为先增加后降低，中间时刻出现震荡；当管道内存在障碍物时，障碍物促进火焰加速，火焰极易转变为超声速传播，并转变为爆轰波。

第2章　基本方程和数值方法

2.1 引　言

可燃气体爆炸过程中，火焰从缓慢燃烧到转变为爆轰波，其速度大小通常经历3个数量级的变化，即从几米每秒增加到2 000 m/s左右。火焰加速的初始阶段，层流火焰或湍流火焰加速过程受黏性、热扩散以及物质扩散效应影响非常大，火焰传播特性对于这些参数特别敏感。另外，层流燃烧和爆燃是一种亚声速反应流，火焰面下游的扰动状态往往影响上游火焰的传播，这种反馈机制也是由热传导和物质扩散引起的。因此，对火焰加速过程的数值模拟需要建立包括对流、黏性、扩散效应和化学反应的可压缩反应流Navier-Stokes方程组。另一方面，对于大尺度区域内气体爆炸的数值模拟研究，直接数值模拟(DNS)方法由于受到尺度及计算量的限制，目前还不能对实际问题进行模拟。雷诺平均数值模拟(RANS)以湍流模式理论为基础求解通过时均处理的N-S方程组，并利用低阶关联量和平均量的性质来模拟高阶关联量从而使得模型封闭。RANS的网格尺度与DNS相比尺度较大，从而减小了计算量。然而，RANS方法是基于各物理量的时均值求解的，只能描述流场的时均情况，无法得到流场中的细节结构。大涡模拟(LES)同时包含了DNS和RANS的思想，对网格的要求既低于DNS的要求减少了计算量，同时可以对高雷诺数和复杂结构内的流场进行模拟研究，并能捕捉到流场中的精细结构。所以近年来LES方法越来越受到学者们的青睐，并逐渐广泛地应用于带化学反应的湍流流动的模拟研究中。本章主要介绍描述火焰加速、爆燃转爆轰的控制方程组，包括可压缩带化学反应的Navier-Stokes方程和大涡模拟控制方程组，并介绍大涡模拟方法中湍流模型和化学反应模型，以及初始条件和边界条件理论。

2.2 控制方程

2.2.1 Navier-Stokes 控制方程组

反应流 Navier-Stokes 方程组由两个部分组成，一部分是反映对流特性的无黏部分，另一部分为反映扩散和黏性特性的含二阶导数项部分，具体表达形式如下：

$$\frac{\partial U}{\partial t}+\frac{\partial F(U)}{\partial x}+\frac{\partial G(U)}{\partial y}+\frac{\partial H(U)}{\partial z}=D+S \tag{2.1}$$

$$U=(\rho,\rho u,\rho v,\rho w,\rho E,\rho Y)^{\mathrm{T}} \tag{2.2}$$

$$F(U)=(\rho u,\rho u^2+p,\rho uv,\rho uw,\rho u(e+p/\rho),\rho uY)^{\mathrm{T}} \tag{2.3}$$

$$G(U)=(\rho v,\rho vu,\rho v^2+p,\rho vw,\rho v(e+p/\rho),\rho vY)^{\mathrm{T}} \tag{2.4}$$

$$H(U)=(\rho w,\rho wu,\rho wv,\rho w^2+p,\rho w(e+p/\rho),\rho wY)^{\mathrm{T}} \tag{2.5}$$

$$S(U)=(0,0,0,0,0,-\dot{\omega})^{\mathrm{T}} \tag{2.6}$$

$$D=(d_1,d_2,d_3,d_4,d_5,d_6)^{\mathrm{T}} \tag{2.7}$$

$$e=\frac{R_p T}{(\gamma-1)M}+YQ+\frac{1}{2}(u^2+v^2+w^2) \tag{2.8}$$

$$d_1=0 \tag{2.9}$$

$$d_2=\frac{\partial}{\partial x}\left(\mu\left(\frac{4}{3}\frac{\partial u}{\partial x}-\frac{2}{3}\frac{\partial v}{\partial y}-\frac{2}{3}\frac{\partial w}{\partial z}\right)\right)+\frac{\partial}{\partial y}\left(\mu\left(\frac{\partial v}{\partial x}+\frac{\partial u}{\partial y}\right)\right)+\frac{\partial}{\partial z}\left(\mu\left(\frac{\partial u}{\partial z}+\frac{\partial w}{\partial x}\right)\right) \tag{2.10}$$

$$d_3=\frac{\partial}{\partial x}\left(\mu\left(\frac{\partial v}{\partial x}+\frac{\partial u}{\partial y}\right)\right)+\frac{\partial}{\partial y}\left(\mu\left(\frac{4}{3}\frac{\partial v}{\partial y}-\frac{2}{3}\frac{\partial u}{\partial x}-\frac{2}{3}\frac{\partial w}{\partial z}\right)\right)+\frac{\partial}{\partial z}\left(\mu\left(\frac{\partial v}{\partial z}+\frac{\partial w}{\partial y}\right)\right) \tag{2.11}$$

$$d_4=\frac{\partial}{\partial x}\left(\mu\left(\frac{\partial u}{\partial z}+\frac{\partial w}{\partial x}\right)\right)+\frac{\partial}{\partial y}\left(\mu\left(\frac{\partial v}{\partial z}+\frac{\partial w}{\partial y}\right)\right)+\frac{\partial}{\partial z}\left(\mu\left(\frac{4}{3}\frac{\partial w}{\partial z}-\frac{2}{3}\frac{\partial u}{\partial x}-\frac{2}{3}\frac{\partial v}{\partial y}\right)\right) \tag{2.12}$$

$$d_5=\frac{\partial}{\partial x}\left(\frac{\mu C_p}{\Pr}\frac{\partial T}{\partial x}+\frac{\mu Q\partial Y}{Sc\,\partial x}+u\mu\left(\frac{4}{3}\frac{\partial u}{\partial x}-\frac{2}{3}\frac{\partial v}{\partial y}-\frac{2}{3}\frac{\partial w}{\partial z}\right)+v\mu\left(\frac{\partial v}{\partial x}+\frac{\partial u}{\partial y}\right)\right.$$
$$\left.+v\mu\left(\frac{\partial w}{\partial x}+\frac{\partial u}{\partial z}\right)\right)+\frac{\partial}{\partial y}\left(\frac{\mu C_p}{\Pr}\frac{\partial T}{\partial y}+\frac{\mu Q\partial Y}{Sc\,\partial y}+u\mu\left(\frac{\partial v}{\partial x}+\frac{\partial u}{\partial y}\right)\right.$$
$$\left.+v\mu\left(\frac{4}{3}\frac{\partial v}{\partial y}-\frac{2}{3}\frac{\partial u}{\partial x}-\frac{2}{3}\frac{\partial w}{\partial z}\right)+u\mu\left(\frac{\partial v}{\partial z}+\frac{\partial w}{\partial y}\right)\right)+$$
$$\frac{\partial}{\partial z}\left(\frac{\mu C_p}{\Pr}\frac{\partial T}{\partial z}+\frac{\mu Q\partial T}{Sc\,\partial z}+u\mu\left(\frac{\partial u}{\partial z}+\frac{\partial w}{\partial x}\right)+u\mu\left(\frac{\partial v}{\partial z}+\frac{\partial w}{\partial y}\right)\right.$$
$$\left.+v\mu\left(\frac{4}{3}\frac{\partial w}{\partial z}-\frac{2}{3}\frac{\partial u}{\partial x}-\frac{2}{3}\frac{\partial v}{\partial y}\right)\right)\tag{2.13}$$

$$d_6=\frac{\partial}{\partial x}\left(\frac{\mu}{Sc}\frac{\partial Y}{\partial x}\right)+\frac{\partial}{\partial y}\left(\frac{\mu}{Sc}\frac{\partial Y}{\partial y}\right)+\frac{\partial}{\partial z}\left(\frac{\mu}{Sc}\frac{\partial Y}{\partial z}\right)\tag{2.14}$$

$$\dot{\omega}=A\rho(1-Y)e^{-\frac{Ea}{R\rho T}}\tag{2.15}$$

其中，ρ,T,u,v,w,p,e,Q 和 Y 分别表示密度、温度、x 方向速度、y 方向速度、z 方向速度、压力、总能量、反应热和预混气体质量分数，μ 为黏性系数，$\dot{\omega}$ 为化学反应速率。

2.2.2　大涡模拟控制方程组

流场中大部分的质量、动量和能量的输运主要由大尺度的涡来完成，基于此，大涡模拟的基本思想是对于大尺度的湍流由方程直接求解，小尺度脉动对大尺度的影响通过建立模型来计算。具体操作为首先空间过滤三维瞬态的 Navier-Stokes 方程组，包括质量守恒方程、动量守恒方程、能量守恒方程以及化学反应动力学方程，然后对于亚格子尺度不封闭项通过建立模型来封闭。

在大涡模拟中，空间过滤即为在给定体积中的加权平均 f。对于变量 f，其过滤值(平均值)表示为：

$$\bar{f}(x)=\int f(x')F(x-x')\mathrm{d}x'\tag{2.16}$$

其中 F 为过滤器。物理空间中常见的过滤器包括的盒式过滤和高斯过滤器。

(1)盒式过滤器

物理空间中最简单的过滤器是一种盒式过滤器，又称帽式过滤器。

假设过滤器长度为 Δ,三维空间中过滤器表达式为:

$$F(x)=F(x_1,x_2,x_3)=\begin{cases}1/\Delta^3 & |x_i|\leqslant\Delta/2, i=1,2,3\\ 0 & 其他\end{cases} \tag{2.17}$$

即这种过滤为在边长为 Δ 的立方体内的平均值。

(2)物理空间内的高斯过滤

其表达式为:

$$F(x)=F(x_1,x_2,x_3)=\left(\frac{6}{\pi\Delta^2}\right)^{3/2}\exp\left[-\frac{6}{\Delta^2}(x_1^2+x_2^2+x_3^2)\right] \tag{2.18}$$

所有的过滤器都满足正则条件:

$$\int_{-\infty}^{+\infty}\int_{-\infty}^{+\infty}\int_{-\infty}^{+\infty}F(x_1,x_2,x_3)\mathrm{d}x_1\mathrm{d}x_2\mathrm{d}x_3=1 \tag{2.19}$$

对于可压缩湍流的大涡模拟控制方程,可以通过过滤可压缩的 N-S 方程导出,但是直接过滤可压缩的 N-S 方程将带来十分复杂的可解尺度湍流的运动方程,因此引入密度加权过滤(Favre 平均)可以得到比较简单又容易封闭的可压缩湍流大涡模拟方程。Favre 平均可以表示为:

$$\bar{\rho}\bar{f}(x)=\int\rho f(x')F(x-x')\mathrm{d}x' \tag{2.20}$$

平均值 $\bar{f}$ 由直接数值模拟求解,而扰动部分 $f'=f-\bar{f}$ 对应于亚格子尺度部分。这里应该注意扰动部分的平均值不等于 0,即 $\bar{f'}\neq 0$,过滤两次的值不等于过滤一次的值,即 $\bar{\bar{f}}\neq\bar{f}$,这同样适用于 Favre 平均,$f=\bar{f}+f''$,$\bar{f''}\neq 0$,$\bar{\bar{f}}\neq\bar{f}$。

通过过滤瞬态 Navier-Stokes 方程组,最终得到的大涡模拟控制方程如下:

$$\frac{\partial\bar{\rho}}{\partial t}+\frac{\partial\bar{\rho}\tilde{u}_i}{\partial x_i}=0 \tag{2.21}$$

$$\frac{\partial\bar{\rho}\tilde{u}_i}{\partial t}+\frac{\partial}{\partial x_j}(\bar{\rho}\tilde{u}_i\tilde{u}_i+\bar{P}\delta_{ij})=\frac{\partial}{\partial x_j}(\bar{\tau}_{ij})-\frac{\partial}{\partial x_j}(\tau_{ij}^{sgs}) \tag{2.22}$$

$$\frac{\partial\bar{\rho}\tilde{E}}{\partial t}+\frac{\partial}{\partial x_i}((\bar{\rho}\tilde{E}+\bar{P})\tilde{u}_i)=\frac{\partial}{\partial x_i}(\tilde{u}_i\bar{\tau}_{ij})-\frac{\partial\bar{q}_i}{\partial x_i}-\frac{\partial}{\partial x_i}H_i^{sgs}+\frac{\partial}{\partial x_i}\sigma_{ij}^{sgs} \tag{2.23}$$

$$\frac{\partial\bar{\rho}\tilde{Y}}{\partial t}+\frac{\partial}{\partial x_i}\bar{\rho}\tilde{Y}\tilde{u}_i=\frac{\partial}{\partial x_i}\left(\bar{\rho}D_i\frac{\partial\tilde{Y}}{\partial x_i}\right)-\frac{\partial}{\partial x_i}\varphi_i^{sgs}+\bar{\dot{\omega}} \tag{2.24}$$

方程中不封闭项必须通过建立模型模化，式中黏性应力张量和热通量张量分别为：

$$\bar{\tau}_{ij}=\mu\left(\frac{\partial\tilde{u}_i}{\partial x_j}+\frac{\partial\tilde{u}_j}{\partial x_i}\right)-\frac{2}{3}\mu\frac{\partial\tilde{u}_i}{\partial x_j}\delta_{ij} \tag{2.25}$$

$$\bar{q}_i=-K\frac{\partial\tilde{T}}{\partial x_i} \tag{2.26}$$

其中，μ 为黏性系数，导热系数 $K=C_p\mu/Pr$，Pr 为 Prandtl 数，压力 $\bar{p}=\bar{\rho}R\tilde{T}/W$，$W$ 为分子量。过滤后的单位体积总能量为：

$$\bar{\rho}\tilde{E}=\bar{\rho}\tilde{e}+\frac{1}{2}\bar{\rho}\tilde{u}_l\tilde{u}_l+\frac{1}{2}\bar{\rho}[\widetilde{u_lu_l}-\tilde{u}_l\tilde{u}_l] \tag{2.27}$$

过滤后的内能为：

$$\tilde{e}=\tilde{h}-\bar{p}/\bar{\rho} \tag{2.28}$$

其中为反应焓：

$$\tilde{h}=\Delta h^0+\int_0^T C_p(\tilde{T})\mathrm{d}\tilde{T} \tag{2.29}$$

方程中不封闭的项包括亚格子尺度应力张量 τ_{ij}^{sgs}、亚格子尺度热通量 H_{ij}^{sgs}、亚格子尺度黏性应力变形功 σ_{ij}^{sgs}、对流通量 φ_{ij}^{sgs} 和反应速率$\bar{\dot{\omega}}$：

$$\tau_{ij}^{sgs}=\bar{\rho}[\widetilde{u_iu_j}-\tilde{u}_i\tilde{u}_j] \tag{2.30}$$

$$H_i^{sgs}=\bar{\rho}(\widetilde{Eu_i}-\tilde{E}\tilde{u}_i)+(\overline{Pu_i}-\bar{P}\tilde{u}_i) \tag{2.31}$$

$$\sigma_{ij}^{sgs}=\overline{u_i\tau_{ij}}-\tilde{u}_i\tilde{\tau}_{ij} \tag{2.32}$$

$$\varphi_i^{sgs}=\bar{\rho}(\widetilde{Yu_i}-\tilde{Y}\tilde{u}_i) \tag{2.33}$$

为了封闭这些亚格子尺度项，最常用的是 Smagorinsky 模型。根据 Boussinesq 假设，亚格子尺度动量通量可以表示为：

$$\tau_{ij}^{sgs}-\frac{\delta_{ij}}{3}\tau_{kk}^{sgs}=-\upsilon_t\left(\frac{\partial\tilde{u}_i}{\partial x_j}+\frac{\partial\tilde{u}_j}{\partial x_i}-\frac{2}{3}\delta_{ij}\frac{\partial\tilde{u}_k}{\partial x_k}\right)=-2\upsilon_t\left(\tilde{S}_{ij}-\frac{\delta_{ij}}{3}\tilde{S}_{kk}\right) \tag{2.34}$$

这里表示亚格子尺度黏性系数，可以通过空间参数来模化：

$$\upsilon_t=C_s^2\Delta^{4/3}l_t^{2/3}\,|\bar{S}|=C_s^2\Delta^{4/3}l_t^{2/3}\,(2\bar{S}_{ij}\bar{S}_{ij})^{1/2} \tag{2.35}$$

其中 l_t 为湍流积分长度尺度，C_s 为常数，$\bar{S}$ 为剪切应力。如果取积分长度尺度等于过滤尺度即网格尺度 $l_t\sim\Delta$，则亚格子尺度黏性系数可以表示为：

$$\upsilon_t=(C_s\Delta)^2\,|\bar{S}|=(C_s\Delta)^2\,(2\bar{S}_{ij}\bar{S}_{ij})^{1/2} \tag{2.36}$$

另一种封闭亚格子尺度应力张量的方法为建立亚格子尺度湍动能输运方程：

$$k^{sgs}=\frac{1}{2}[\widetilde{u_k^2}-\tilde{u}_k^2] \tag{2.37}$$

$$\frac{\partial\bar{\rho}k^{sgs}}{\partial t}+\frac{\partial}{\partial x_i}\bar{\rho}\tilde{u}_i k^{sgs}=P^{sgs}-D^{sgs}+\frac{\partial}{\partial x_i}\left(\bar{\rho}\frac{\upsilon_t}{Pr}\frac{\partial k^{sgs}}{\partial x_i}\right) \tag{2.38}$$

其中 P^{sgs},D^{sgs} 分别为亚格子尺度动能方程中的产生项和耗散项：

$$P^{sgs}=-\tau_{ij}^{sgs}\frac{\partial\tilde{u}_i}{\partial x_j} \tag{2.39}$$

$$D^{sgs}=C_e\bar{\rho}\,(k^{sgs})^{3/2}/\Delta \tag{2.40}$$

则亚格子尺度黏性系数可以表示为：

$$\upsilon_t=C_\upsilon\,(k^{sgs})^{1/2}\Delta \tag{2.41}$$

其中 C_e,C_υ 为常数,分别取 0.2 和 0.916[157]。

对热通量和组分对流通量进行模化时用到梯度扩散假设理论：

$$H_i^{sgs}=-\bar{\rho}\frac{\upsilon_t}{pr}\frac{\partial\tilde{h}}{\partial x_i} \tag{2.42}$$

$$\varphi_i^{sgs}=-\bar{\rho}\frac{\upsilon_t}{s_c}\frac{\partial\tilde{Y}}{\partial x_i} \tag{2.43}$$

其中总焓 $\tilde{h}=\tilde{E}+\frac{\bar{P}}{\bar{\rho}}$。

质量分数守恒方程的右端扩散项也采用梯度假设理论：

$$\overline{V_iY}=\bar{\rho}D\frac{\partial\tilde{Y}}{\partial x_i} \tag{2.44}$$

对于化学反应速率的封闭,非预混气体中常用的有 EBU 涡破碎模型。化学反应速率受到混合速率的控制,在 EBU 模型中可假定分子之间完全混合的时间等于亚格子尺度涡团中流体完全被耗散的时间,从而可得到亚格子尺度流体混合时间正比于亚格子尺度动能与其耗散率之比：

$$\tau_{mix}\sim\frac{k^{sgs}}{\varepsilon^{sgs}}\sim C_{EBU}\frac{\Delta}{\sqrt{2k^{sgs}}} \tag{2.45}$$

一般取尺度常数 $C_{EBU}=1$,这里混合时间尺度反应率为：

$$\bar{\dot{\omega}}_{\min}=\frac{1}{\tau_{\mathrm{mix}}}\min\left(\frac{1}{2}[\mathrm{O_2}],[\mathrm{Fuel}]\right) \tag{2.46}$$

有效化学反应速率为：

$$\bar{\dot{\omega}}_{EBU}=\min(\bar{\dot{\omega}}_{mix},\dot{\omega}_{kin}) \tag{2.47}$$

式中 $\dot{\omega}_{kin}$ 为 Arrhenius 反应速率。

对于预混燃烧，可以增厚火焰模型来描述火焰传播过程。增厚火焰面模型(Thickened flame model，简称 TF 模型)最先由 Butler 和 O'Rourke[158]提出，其基本思想是增加物质扩散系数同时按同样比例降低燃烧速率以保持层流燃烧速度 S_L 不变，实现增加火焰厚度从而能够用较大网格数值模拟。由层流预混火焰的基本理论可知，层流燃烧速度 S_L 和层流火焰厚度 δ_L 与分子扩散系数 D 和平均反应速率有如下关系[159]：

$$S_L\propto\sqrt{D\bar{\dot{\omega}}},\delta_L\propto\sqrt{D/\bar{\dot{\omega}}} \tag{2.48}$$

为了实现在粗网格上求解火焰传播，火焰面厚度需要人为增加，如果要其增加 F 倍可以通过分子扩散速度乘以增厚因子 F 来实现。为了不改变层流火焰速度，同时化学反应速率需要相应地减小 F 倍。由于火焰是非定常的，因此需要对火焰进行动态增厚以限制增厚区域在火焰面附近狭窄空间内，这样就可以避免因为远离火焰面的区域内的扩散系数增大而产生误差或错误。火焰动态增厚依赖于燃烧产物的质量分数，增厚因子表达式为：$F=1+(F_0-1)\Omega$，其中 $F_0=\max(N\Delta/\delta_L,1)$，$N$ 为火焰面厚度内的网格数，Δ 为空间过滤尺度，可以取为网格尺度，δ_L 为层流火焰厚度，而 $W=16[Y(1-Y)]^2$。层流火焰厚度可以由下式计算[160]：

$$\delta_L=2\delta(T_2/T_1)^{0.7}=2\lambda_1/(\rho_1C_pS_L)\cdot(T_2/T_1)^{0.7} \tag{2.49}$$

式中 δ 通常被称为火焰扩散厚度，因为实际中火焰厚度要比扩散厚度大，因此不能将扩散厚度作为火焰厚度。T_1 和 T_2 分别为未燃气体和已燃气体的温度。λ_1 为未燃气体的导热系数。

采用增厚火焰面模型后，方程(2.24)可以重新写为：

$$\frac{\partial\bar{\rho}\widetilde{Y}}{\partial t}+\frac{\partial}{\partial x_i}\bar{\rho}\widetilde{Y}\tilde{u}_i=\frac{\partial}{\partial x_i}\left(\bar{\rho}E_FFD_i\frac{\partial\widetilde{Y}}{\partial x_i}\right)-\frac{\partial}{\partial x_i}\varphi_i^{sgs}+\frac{E_F\bar{\dot{\omega}}}{F} \tag{2.50}$$

式中，E_F 为效率函数，其作用是为了弥补当火焰面增厚之后火焰面对褶皱变形不敏感的缺陷。可以采用幂律分布表达式[161]：

$$E_F=\left[1+\min\left(\frac{\Delta}{\delta_L},\Gamma_\Delta\frac{u'_\Delta}{s_L}\right)\right]^c \tag{2.51}$$

式中，Γ_Δ 定义为：

$$\Gamma\left(\frac{\Delta}{\delta_L},\frac{u_\Delta{}'}{S_L},Re_\Delta\right)=[((f_u^{-a}+f_\Delta^{-a})^{-1/a})^{-b}+f_{\mathrm{Re}}^{-b}]^{-1/b} \tag{2.52}$$

$$f_u=4\left(\frac{27C_k}{110}\right)\left(\frac{18C_k}{55}\right)\left(\frac{u_\Delta{}'}{S_L}\right)^2 \tag{2.53}$$

$$f_\Delta=\left[\frac{27C_k\pi^{4/3}}{110}\times\left(\left(\frac{\Delta}{\delta_L}\right)^{4/3}-1\right)\right]^{1/2} \tag{2.54}$$

$$f_{\mathrm{Re}}=\left[\frac{9}{55}\exp\left(-\frac{3}{2}C_k\pi^{4/3}\mathrm{Re}_\Delta^{-1}\right)\right]^{1/2}\times\mathrm{Re}_\Delta^{1/2} \tag{2.55}$$

常数 b,c 和 C_k 的值分别为 1.4,0.5 和 1.5,a 的表达式为:

$$a=0.6+0.2\exp[-0.1(u'_\Delta/S_L)]-0.2\exp[-0.01(\Delta/\delta_L)] \tag{2.56}$$

对于平均化学反应速率 $\overline{\dot{\omega}}$,可以采用最简单的方式,即

$$\overline{\dot{\omega}}=-A\bar{\rho}\widetilde{Y}\exp\left(-\frac{Q}{R\widetilde{T}}\right) \tag{2.57}$$

采用增厚火焰模型后,网格尺寸通常比火焰面厚度大,但火焰结构可以在计算网格上直接求解。在增厚火焰模型中由于化学反应速率是直接计算的,因此这种火焰计算技术类似于 DNS 方法,可以扩展到包含多步化学反应的计算中[162][163]。

2.3 初始条件及边界条件

数值模拟中的可燃气体都假定为燃料与空气或氧气充分预混,且满足理想气体状态方程。可燃气体的初始温度、压力以及流动速度都根据实际情况确定。对可燃气体爆炸过程进行数值模拟研究时,在确定计算区域后,不同的壁面处理方式将对模拟结果产生重要的影响。由于现实中火焰传播速度往往很大,很多学者认为火焰在管道或容器内传播时,壁面作用对其影响不大,即壁面热传导导致的能量损失可以忽略。但是,近年来实验和数值模拟结果显示,不同的壁面温度导致的能量损失对气体爆炸过程中缓慢的火焰传播以及爆轰波的传播都有重要影响[164][165]。

数值模拟中的壁面都为固壁,且壁面上无滑移,此外还涉及了两种边界条件,即绝热壁面和热传导壁面。

(1)绝热壁面

绝热壁面即假设在壁面处不发生热传导,忽略由于壁面温度与内部流体温度不同而导致的能量交换,同时考虑壁面处无滑移,用公式表示为:

$$\partial T/\partial y=0,\partial Y/\partial y=0,u=0,v=0 \tag{2.58}$$

其中,T 为温度,Y 为可燃气体质量分数,u,v 表示速度。

(2)热传导壁面

热传导壁面即考虑壁面与内部流体发生能量交换。假设壁面温度为 T_w,热传导可由公式 $\partial T/\partial y=-Bi(T-T_w)$确定,其中 Bi 为 $Biot$ 数。当 $Bi=0$ 时,表示壁面为绝热壁面;当 $Bi>0$ 时表示非绝热壁面,即热传导壁面,而 $Bi=\infty$表示恒温壁面。壁面温度 T_w的确定[23],可以由公式 $T^n=T_w+(T^{n-1}-T_w)\exp(-\alpha\Delta t)$ 确定,其中 T^n 为当前时刻边界单元格上的温度,T^{n-1}为上一时刻边界单元格上的温度,$\alpha\in[0,\infty)$,当 $\alpha=0$ 时表示绝热壁面,$\alpha\to\infty$为恒温壁面。

在大涡模拟研究中,对于近壁面处的流动采用传统 Smagorinsky 模型时模拟结果很不理想,这主要是由于没有考虑壁面对亚格子尺度黏性的影响。WALE 模型[166]针对近壁面的流动,优化了亚格子尺度黏性的计算方式,使预测结果更符合真实的流动:

$$\upsilon_t=(C_w\Delta)^2\frac{(S_{ij}^dS_{ij}^d)^{3/2}}{(\widetilde{S}_{ij}\widetilde{S}_{ij})^{5/2}+(S_{ij}^dS_{ij}^d)^{5/4}} \tag{2.59}$$

其中,

$$\widetilde{S}_{ij}=\frac{1}{2}\left(\frac{\partial\widetilde{u}_i}{\partial x_j}+\frac{\partial\widetilde{u}_j}{\partial x_i}\right) \tag{2.60}$$

系数 C_w取值为 0.5 的表达式为:

$$S_{ij}^d=\frac{1}{2}(\widetilde{g}_{ij}^2+\widetilde{g}_{ji}^2)-\frac{1}{3}\delta_{ij}\widetilde{g}_{kk}^2,\text{式中 }\widetilde{g}_{ij}=\partial\widetilde{u}_i/\partial x_j \tag{2.61}$$

另外在大涡模拟研究中,发现如果要准确模拟壁面附近的详细特性,壁面第一层网格与壁面之间的距离足够小,即 $y^+\approx1$,在工程应用中这样的网格要求很难达到。因此可以采用考虑壁面函数的边界条件。并且为了达到计算结果对网格的独立性,壁面函数律在边界层的黏性子区和对数区内需要一致有效。选用的壁面函数边界条件,大大放宽了计算中流动对网格的依赖性,在壁面附近得到了满意的结果。首先定义:

$$\tau_w = u_\tau^2 \times \rho_w; \ u^+ = \frac{u}{u_\tau}; \ y^+ = \rho_w u \tau y / \mu_w \tag{2.62}$$

τ_w 为壁面切应力，u_τ 为壁面摩擦速度，ρ_w 为壁面处的密度，y 为第一层网格距离壁面的法向距离，μ_w 为壁面处的黏性系数。则存在以下的壁面函数律：

$$y^+ = u^+ + y_{while}^+ - e^{-\kappa B}\left[1 + \kappa u^+ + \frac{(\kappa u^+)^2}{2} + \frac{(\kappa u^+)^3}{6}\right] \tag{2.63}$$

其中：

$$y_{white}^+ = \exp\left\{\frac{\kappa}{\sqrt{\Gamma}} \cdot \left[\sin^{-1}\left(\frac{2\Gamma u^+ - \beta}{Q}\right) - \phi\right]\right\} e^{-\kappa B} \tag{2.64}$$

$$\Gamma = \frac{r u_\tau^2}{2 C_p T_w}; \ \beta = \frac{q_w \mu_w}{\rho_w T_w k_w u_\tau}; \ \varphi = \sin^{-1}\left(-\frac{\beta}{Q}\right); \ Q = (\beta^2 + 4\Gamma)^{1/2} \tag{2.65}$$

式中，$\kappa = 0.4$，$B = 5.5$，$r = (Pr)^{1/3}$，T_w、κ_w 为壁面温度和热传导系数。在绝热情况下，有 $\beta = 0$；$T_w = T + r u^2/(2C_p)$；在等温壁面下，有 $\beta = \dfrac{T/T_w - 1 + \Gamma(u^+)^2}{u^+}$。运用壁面函数律可以得到壁面第一层网格上的亚格子尺度黏性系数 μ_τ：

$$\frac{\mu_\tau}{\mu_w} = 1 + \frac{\partial y_{white}^+}{\partial y^+} - \kappa e^{-\kappa B}\left(1 + \kappa u^+ + \frac{(\kappa u^+)^2}{2} - \frac{\mu_{w+1}}{\mu_w}\right) \tag{2.66}$$

μ_{w+1} 为壁面上第一层网格上黏性系数，$\partial y_{white}^+ / \partial y^+$ 由下式给出：

$$\frac{\partial y_{white}^+}{\partial y^+} = 2 y_{white}^+ \frac{\kappa\sqrt{\Gamma}}{Q}\left[1 - (\frac{(2\Gamma u^+ - \beta)^2}{Q^2}\right]^{1/2} \tag{2.67}$$

规定当 $y^+ > 5$ 时采用壁面函数边界条件，反之则直接应用湍流模型。

2.4 数值计算方法

对于控制方程组的空间离散本书采用 5 阶 WENO 有限差分格式，黏性项采用 6 阶中心差分格式，而时间方向上采用 3 阶 TVD-Runge-Kutta (R-K)方法。WENO 格式是 Osher 等[167]-[170]在 ENO 格式构造思想的基础上提出的一种高精度高分辨率格式。由于能够很好地抑制间断处的数值振荡，近年来被广泛地用于爆炸问题的数值模拟研究。

2.4.1 控制方程组的空间离散

对控制方程的对流项进行离散时，首先将方程变为半离散格式：

$$\left(\frac{\partial U}{\partial t}\right)_{i,j,k}=\frac{(\hat{F}_{i-1/2,j,k}-\hat{F}_{i+1/2,j,k})}{\Delta x}+\frac{(\hat{G}_{i,j-1/2,k}-\hat{G}_{i,j+1/2,k})}{\Delta y}+\frac{(\hat{H}_{i,j,k-1/2}-\hat{H}_{i,j,k+1/2})}{\Delta z}+S_{i,j,k} \tag{2.68}$$

式中，U 为守恒向量，$\hat{F}_{i\pm1/2,j,k}$、$\hat{G}_{i,j\pm1/2,k}$ 和 $\hat{H}_{i,j,k\pm1/2}$ 分别为半节点处的数值通量。对于这类方程，目前构造 WENO 格式时先进行特征分解(Characteristic-wise)对方程进行解耦，在特征空间对特征矢量进行 WENO 重构。下面介绍其具体实现过程，以 x 方向为例。

(1)计算 F 和 U 在节点处的差商；

(2)在点 $x_{i+1/2,j,k}$ 处进行局部特征空间变换，并利用 WENO 格式构造 $\hat{F}^{\pm}_{i+1/2,j,k}$，具体步骤如下：

i)通过 Roe 平均计算得到平均值 $U_{i+1/2,j,k}$；

ii)计算 F 对应的 Jacobi 矩阵 $A_F(U_{i+1/2,j,k})$ 的特征值，以及特征向量，其左右特征向量记为，$R_F^{-1}=R_F^{-1}(U_{i+1/2,j,k})$，$R_F=R_F(U_{i+1/2,j,k})$，对角矩阵记为 $\Lambda_F=\Lambda_F(U_{i+1/2,j,k})$；同理可以求得 A_G、A_H 的特征值和左右特征矩阵。

iii)将数值通量投影到局部特征空间，$V_{l,j,k}=R_F^{-1}U_{l,j,k}$，$M_{l,j,k}=R^{-1}F(U_{l,j,k})$，$l$ 为 i 临近节点编号值；

iv)对特征空间上的 $M_{i,j,k}$ 进行通量分裂，可以采用 Lax-Friedrichs 通量分裂。采用 WENO 构造 $\hat{M}_{i+1/2,j,k}$ 需要对临近的 7 个点进行通量分裂，分别求出 $\hat{M}^{+}_{i+1/2,j,k}$ 和 $\hat{M}^{-}_{i+1/2,j,k}$，步骤如下：

首先，进行通量分裂：

$$M^{\pm}_{l,j,k}=F(U_{l,j,k})\pm\alpha\,U_{l,j,k} \tag{2.69}$$

其中，$\alpha=\max\limits_{1\leqslant l\leqslant N}|\lambda_n(U_l)|$。

其次，利用分裂后的值构造 $\hat{M}^{+}_{i+1/2,j,k}$ 和 $\hat{M}^{+}_{i+1/2,j,k}$，对于 WENO 格式的具体构造过程可以查看参考文献[94]，在这里采用五阶 WENO 重构。

v)将步骤 iv)中所得到的值转换到物理空间来

$$\hat{F}^{\pm}_{i\pm1/2,j,k}=R\hat{M}^{\pm}_{i\pm1/2,j,k} \tag{2.70}$$

(3)构造数值通量 $\hat{F}_{i+1/2,j,k}$

$$\hat{F}_{i+1/2,j,k}=\hat{F}^{+}_{i+1/2,j,k}+\hat{F}^{-}_{i+1/2,j,k} \tag{2.71}$$

同理,可得$\hat{F}_{i-1/2,j,k}$、$\hat{G}_{i,j\pm1/2,k}$和$\hat{H}_{i,j,k\pm1/2}$。

2.4.2 控制方程组扩散项的离散

对于控制方程的扩散项,采用高阶中心差分格式离散,下边以$\frac{\partial u(x,y,z)}{\partial x}$为例,给出中心差分格式的构造。

对于等间距网格 $\Delta x=\Delta x_i(i=1,2,\cdots,nx)$,$\frac{\partial u(x,y,z)}{\partial x}$在处的中心差分格式可以表示为

$$\frac{\partial u(x,y,z)}{\partial x}=\frac{1}{\Delta x}\sum_{i=1}^{3}d_j(u(x_i+i\Delta x)-u(x_i-i\Delta x)) \tag{2.72}$$

在 x_i 点 Taylor 展开,可以确定格式的各项系数之间的关系为:

$$2d_1+4d_2+6d_3=1 \tag{2.73}$$

$$\frac{1}{3}d_1+\frac{8}{3}d_2+9d_3=0 \tag{2.74}$$

$$\frac{1}{60}d_1+\frac{8}{15}d_2+\frac{81}{20}d_3 \tag{2.75}$$

可以选定 d_3 为自由参数,得

$$d_1=\frac{2}{3}+5\alpha,d_2=-\frac{1}{12}-4\alpha,d_3=\alpha \tag{2.76}$$

当 $\alpha=1/60$ 时,确定的系数为标准六阶中心差分格式,为了与 WENO 格式匹配,将式(2.77)改写成半网格节点处的形式

$$\begin{aligned}u_{i+1/2}=&(d_1+d_2+d_3)(u_i+u_{i+1})+(d_2+d_3)(u_{i-1}+u_{i+2})\\&+d(u_{i-2}+u_{i+3})\end{aligned} \tag{2.77}$$

2.4.3 控制方程组的时间离散

三阶 TVD-Runge-Kutta(R-K)方法为常用的一种显式时间离散格

式，其程序实现简单，计算量和存储量都很小，因此采用该方法对控制方程进行时间离散。这里将右端空间离散后的差分算子记为 $L(U_{i,j,k})$。则时间离散格式可以写为：

$$
\begin{aligned}
U_{i,j,k}^{(1)} &= U_{i,j,k}^{n} + \Delta t L(U_{i,j,k}^{n}) \\
U_{i,j,k}^{(2)} &= \frac{3}{4}U_{i,j,k}^{n} + \frac{1}{4}U_{i,j,k}^{(1)} + \frac{1}{4}\Delta t L(U_{i,j,k}^{(1)}) \\
U_{i,j,k}^{n+1} &= \frac{1}{3}U_{i,j,k}^{n} + \frac{2}{3}U_{i,j,k}^{(2)} + \frac{2}{3}\Delta t L(U_{i,j,k}^{(2)})
\end{aligned}
\tag{2.78}
$$

其中，$U_{i,j,k}^{n}$，$U_{i,j,k}^{n+1}$ 表示第 n 和 $n+1$ 时间步的数值通量。

2.5　数值方法的有效性验证

为了验证数值方法的有效性，利用直接数值模拟方法对管道内乙烯/氧气预混气体的爆炸过程进行了模拟。计算区域为长 1 m 宽 0.25 mm，左端封闭右端开口的细长型区域，内部充满预混的乙烯/氧气，数值模拟用到的参数如表 2.1 所示。初始时刻，在管道左端设置平面火焰实现弱点火，在未反应的混合物中，初始温度为 300 K，初始压力为 1 个标准大气压，初始速度为 0 m/s。管道壁面为固壁无滑移，且为绝热的壁面。数值模拟中采用的数值方法为方程组中的对流项由五阶 WENO 格式离散，黏性项由六阶中心差分格式离散，而时间方向采用三阶 TVD Runge-Kutta 方法，利用自主研发的代码在高性能并行计算机上进行求解。

为了验证网格收敛性，火焰面厚度内分别设置 15，30，60 和 120 个点，我们比较了不同的网格分辨率下数值模拟结果。图 2.1 显示了不同网格分辨下火焰面顶端位置随时间的变化规律。火焰面位置随时间变化的整体规律相同，开始阶段随时间呈指数形式增长，爆燃转爆轰发生时火焰面位置急剧增加，随后呈直线形式增加。但是，当网格分辨率为 $15/x_l$ 时，爆燃转爆轰的时间提前，随着网格尺寸的减小，DDT 转变距离逐渐收敛。网格尺度为 $60/x_l$ 和 $120/x_l$ 时，两条曲线几乎重合。为了进一步验证网格收敛性，我们对比了爆燃转爆轰之前四种工况下温度云图随时间的变化规律。

表 2.1　预混气体初始参数

参数	符号	取值
输入		
初始压力	P_0	1 atm
初始温度	T_0	298 K
初始密度	ρ_0	1.16 kg/m^3
比热比	γ	1.4
摩尔质量	M	0.031 kg/mol
指前因子	A	2.5×10^{11} $cm^3/g-s$
热释放量	Q	$36.5RT_0/M$
活化能	Ea	$32RT_0$
黏性系数	μ	1.72×10^{-4} m^2/s
输出		
层流火焰厚度	x_l	0.051 mm
层流火焰速度	S_l	4.5 m/s
C—J 爆速	D_{CJ}	2 438 m/s
ZND 压力	P_{ZND}	56 P_0
C—J 压力	P_{CJ}	28.6 P_0

由图 2.2 可以看出，当网格分辨率为 $15/x_l$ 时，整个流场中没有出现较小尺度的涡，边界层内出现了高温区域，但是不能观察到细小的火焰结构；当网格分辨率为 $30/x_l$ 时，边界层处火焰结构出现细节部分的轮廓，但是小尺度的涡结构依然不能捕捉；网格尺度为 $60/x_l$ 和 $120/x_l$ 时，从图 2.2(c)和图 2.2(d)可见，流场中细节结构都能呈现，而且两种网格尺度下的火焰形状和边界层结构几乎一致，表明随着网格尺度的减小，数值模拟结果是收敛的。

为了验证数值模拟的精度，我们选取网格分辨率为 120 pts/x_l 的结果为标准，对其他不同网格分辨率的结果进行了验证。从表 2.2 可以看出不同网格下的误差和精度，数值模拟结果达到了 5 阶精度。

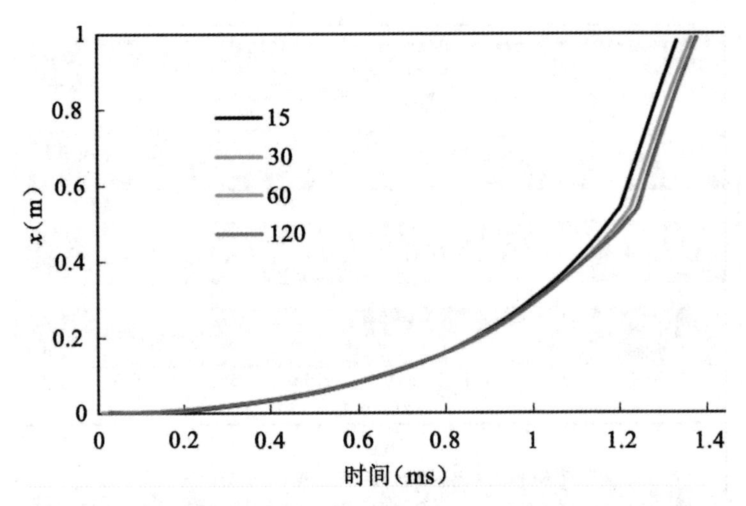

图 2.1　不同网格尺度下火焰面位置随时间变化：$15/x_1$(黑线)；$30/x_1$(蓝线)；$60/x_1$(绿线)；$120/x_1$(红线)

表 2.2　数值方法的精度

Δx	误差	精度
15 pts/fl	1.25×10^{-3}	
30 pts/fl	4.78×10^{-5}	4.71
60 pts/fl	2.13×10^{-6}	5.06

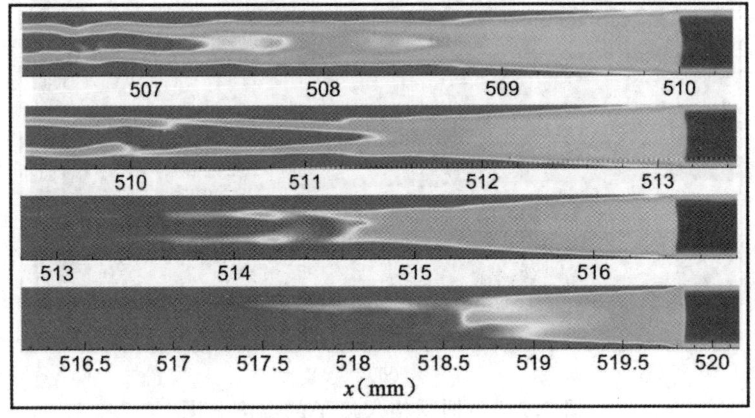

(a)

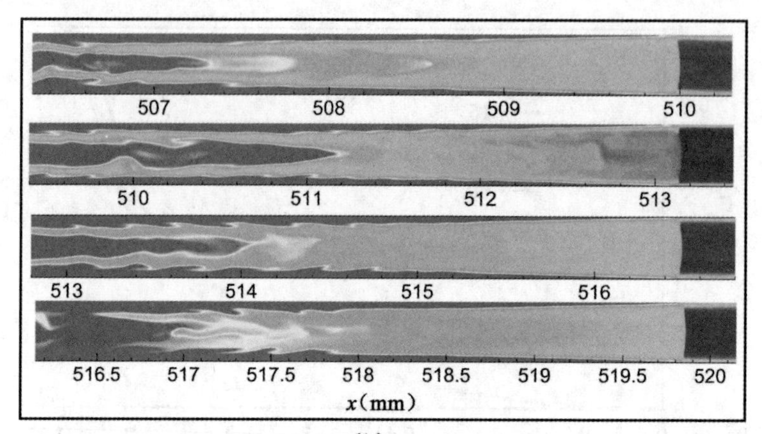

(b)

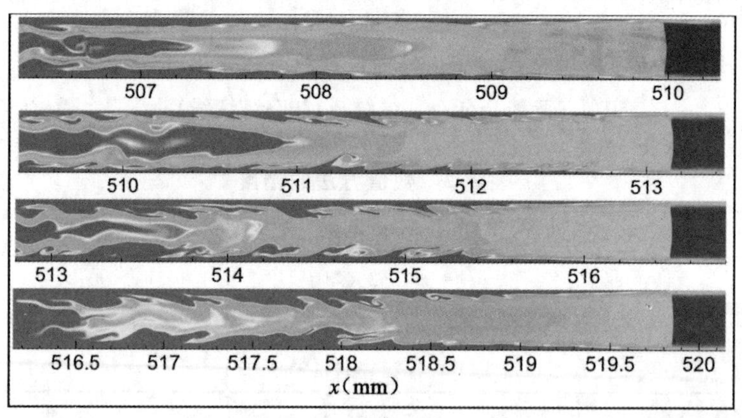

(c)

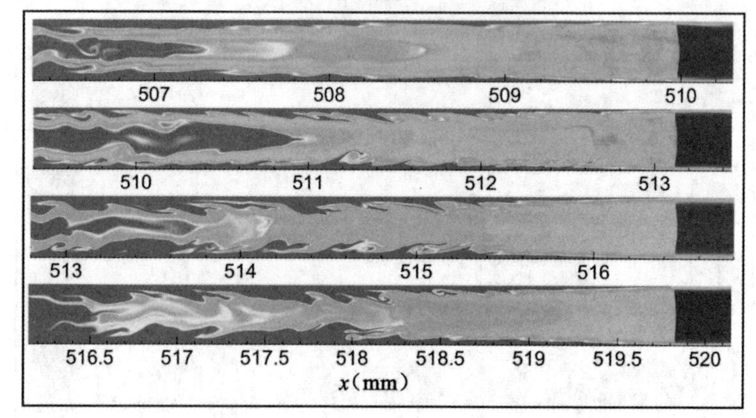

(d)

图 2.2　不同网格尺度下的温度云图

(a)$15/x_l$;(b) $30/x_l$;(c) $60/x_l$;(d) $120/x_l$

为了进一步验证数值方法的有效性，与 Kagan[165] 已经发表的结果进行了对比。模拟工况与其一致，方程中的参数取值也一致，化学反应源项采用双分子模型的 Arrhenius 动力学模型，即密度取为平方：

$$\dot{\omega}=-A\rho^{2}Y\exp(-Ea/R_{p}T)$$

图 2.3 为计算区域为 $2x_{l}\times 100\ x_{l}$ 内的数值模拟结果与 Kagan 的对比，显示了火焰面的变化规律。可见结果于 Kagan 的结果较一致。火焰面由初始时刻的平面变为中间朝前突出的抛物型，发生爆燃转爆轰后变为平面，发生爆燃转爆轰的位置大约在长径比为 50 处，而 Kagan 的结果在 47 左右。

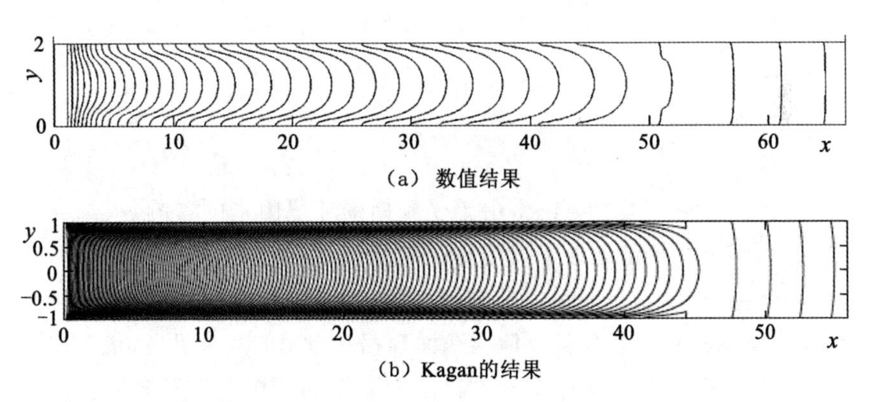

（a）数值结果

（b）Kagan的结果

图 2.3　火焰面位置随距离的变化规律

2.6　本章小结

本章建立了可以描述火焰加速、爆燃转爆轰的化学反应流体动力学控制方程组，包括可压缩带化学反应的 Navier-Stokes 方程和大涡模拟控制方程组。针对所建立的控制方程组，给出了基于 WENO 格式的高精度有限差分算法；介绍了大涡模拟中亚格子尺度不封闭项的封闭问题，建立了湍流模型和化学反应模型，以及适用于大涡模拟的边界理论，最后对数值方法的精度进行了验证。

第3章　火焰加速及爆燃转爆轰的直接数值模拟

3.1 引　言

可燃气体一旦发生点火，由于受到周围环境因素的影响，火焰会不断加速，甚至在一定条件下发生爆燃转爆轰(DDT)。DDT过程是一个包含多时间尺度和空间尺度的高度非线性问题，涉及流动与化学反应、流动与壁面约束以及化学反应与壁面等相互作用的复杂机理，包括层流流动、湍流流动、层流火焰加速，湍流火焰、爆燃转爆轰以及爆轰波的传播等现象。一般认为，火焰和湍流流动的相互作用下爆燃转爆轰才可能发生，但是，Shchelkin[171]通过实验研究表明在边界层的作用下层流火焰也可能加速导致爆燃转爆轰的发生。Oran和gamezo[78]也通过数值模拟研究发现，火焰前方的前导冲击波与壁面边界层的相互作用是导致DDT发生的重要条件。Song等[172]在窄管道内研究了绝热壁面、热传导壁面对火焰传播过程和火焰面形状变化的影响，结果表明在绝热管道内，不同的点火方式下，火焰面能够出现郁金香形状，对恒温壁面管道，火焰面不会出现郁金香形状。Wu等[173]通过实验研究了壁面热传导对DDT的影响，表明热损失减少了火焰加速率，导致火焰淬熄或熄爆。Fukuda等[174]通过数值模拟研究表明壁面热损失对DDT的产生方式有重要影响。

由此可知，壁面的作用对火焰加速及爆燃转爆轰影响非常大，本章主要基于带化学反应的流体动力学N-S方程组，研究壁面热传导对火焰加速和DDT整个过程的影响。

3.2　壁面热传导对火焰加速的影响

计算区域为长 1 m、宽 0.25 mm，左端封闭右端开口的细长型区域，内部充满当量比的乙烯/氧气预混气体。壁面为固壁无滑移壁面，分别考虑绝热（无热传导）和热损失边界（伴有热传导）两种工况。未反应混合物的初始温度为 300 K，初始压力为 1 个标准大气压，初始速度为 0 m/s。数值模拟中采用的数值方法为方程组中的对流项由五阶 WENO 格式离散，黏性项由六阶中心差分格式离散，而时间方向采用三阶 TVD Runge-Kutta 方法，网格大小为 0.005 mm。

图 3.1 为管道边界分别为绝热和热传导条件时，火焰速度随时间变化规律。从图中可以看出，当管道的边界条件不同时，从点火之后到发生爆燃转爆轰的整个过程中火焰速度的变化差别很大。整体上火焰速度曲线包含三个阶段：指数加速阶段、近似呈线性加速阶段以及爆燃转爆轰阶段。数值模拟结果与 Ivanov[97] 得到的结果一致。当管道壁面热传导时，火焰加速到爆燃转爆轰的整个过程中火焰加速率低于避面为绝热的情形，爆燃转爆轰发生的时间明显推迟。在指数加速阶段，壁面热损失使得火焰加速率降低，如图 3.1 中的小图所示。随后，在两种壁面条件下火焰加速率都降低，在转变为线性加速之前，火焰速度经历一段时间的震荡期，在热传导壁面管道中，火焰速度震荡更明显。这是由于高温度燃烧产物不断膨胀促使火焰加速传播，而壁面热传导使得能量在壁面处不断损失掉，同时由此导致的逆向流动也进一步减缓了火焰加速，这些机制的竞争作用下使得火焰速度出现振荡现象。火焰传播进入第二加速阶段时，火焰速度近似为时间的线性函数。在热传导壁面管道内，其斜率明显小于绝热管道的情形。火焰加速的第三阶段速度值突然增加，随后逐渐衰减到 C-J 爆速值附近。热传导壁面管道内发生爆燃转爆轰的时间为 1.55 ms，明显大于绝热壁面的 1.26 ms。

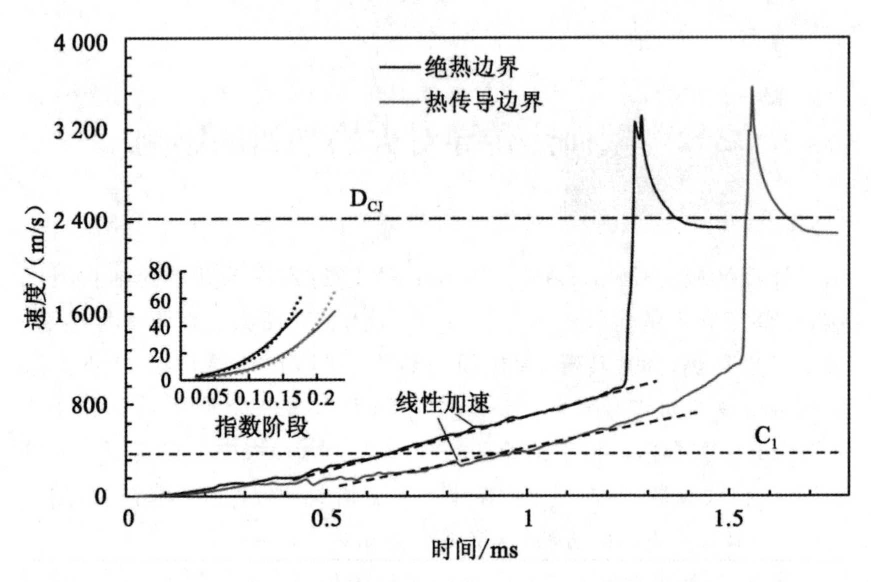

图 3.1　火焰加速到爆燃转爆轰阶段火焰速度随时间的变化规律

图 3.2 和图 3.3 为火焰加速的第一阶段内两种工况下火焰面被拉伸过程中温度云图变化规律。开始时刻，预混的可燃气体不断被燃烧生成了高温的燃烧产物，燃烧产物的膨胀使得火焰远离封闭段向右传播，火焰面逐渐前凸，呈 U 字型朝向未燃气体拉伸。随着火焰的传播，火焰前方的气体由于受到扰动而出现温度升高，绝热条件下，火焰前方气体温度升高较明显，$t=0.2$ ms 时出现明显的温度波动(图 3.2)，有热损失条件下，$t=0.312$ ms 时才出现明显的温度波动(图 3.3)。对比图 3.1 发现，当火焰前方出现明显的预热现象时，火焰速度呈现震荡现象。

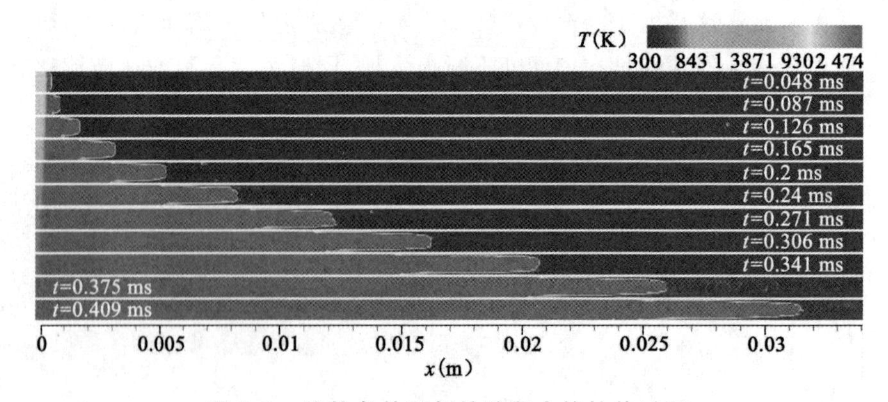

图 3.2　绝热条件下初始阶段火焰拉伸过程

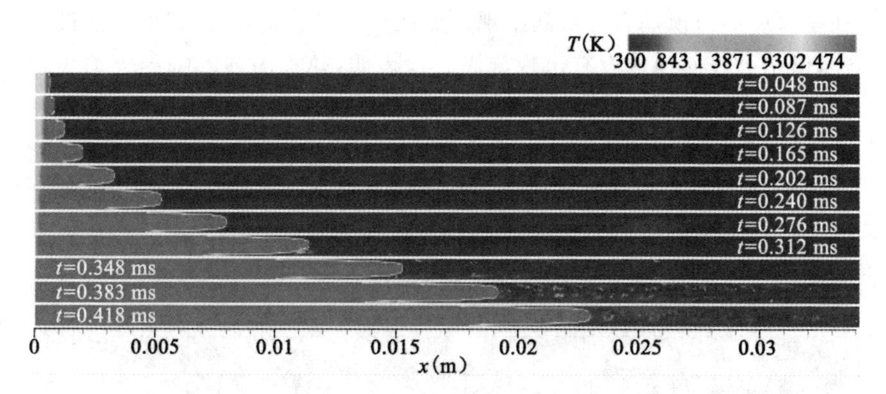

图 3.3　有热损失条件下初始阶段火焰拉伸过程

图 3.4 为初始阶段两种工况下不同时刻的火焰面形状，每个火焰面由 5 条温度等值线组成。由图可见壁面热传导改变了火焰面在管道内传播时的变化规律。在绝热管道内，平面点火之后，火焰面逐渐前凸，由于壁面处边界层影响火焰面不断被拉伸，成为手指形状。当 $t=0.144$ ms 时，火焰面顶端出现凹槽，随后逐渐明显，$t=0.182$ ms 时，火焰面变为“郁金香”形状。这与 Xiao 等[175]的结果一致。但是，当管道壁面有热损失时，直到 $t=0.258$ ms 时刻火焰面顶端仍然没出现“郁金香”形状。

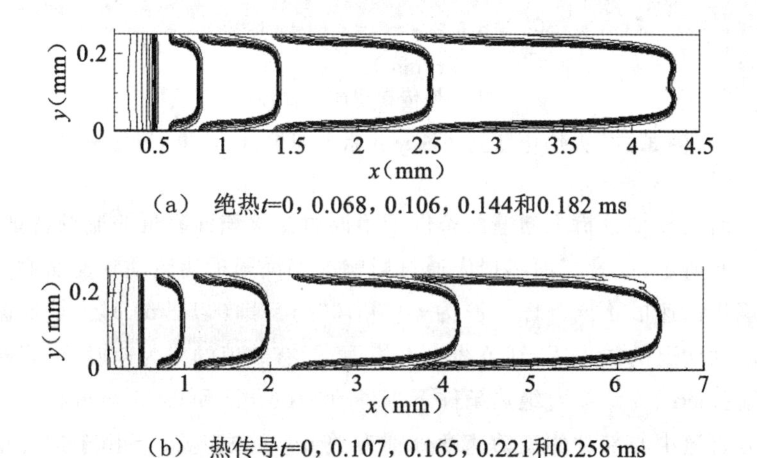

(a)　绝热t=0，0.068，0.106，0.144和0.182 ms

(b)　热传导t=0，0.107，0.165，0.221和0.258 ms

图 3.4　两种工况下火焰面随时间变化规律

考察两种工况下当火焰面传播到 3.5 mm 附近时火焰面附近的流场分布规律，如图 3.5 所示，在绝热管道中，火焰面尖端出现凹槽，同时在紧邻火焰面顶端有一对涡出现。而在热传导管道内，火焰面虽然被拉伸，但是火焰面顶端没有出现旋涡。这表明，热损失能够抑制火焰尖端的凹槽的形成，因为热损失改变了边界层中的流动和化学反应过程。此外，由于热损失破坏了绝热燃烧模式，削弱了火焰和上游流动状态的相互作用[176,177]，在热传导管道内火焰面附近的流速小于绝热的情况。

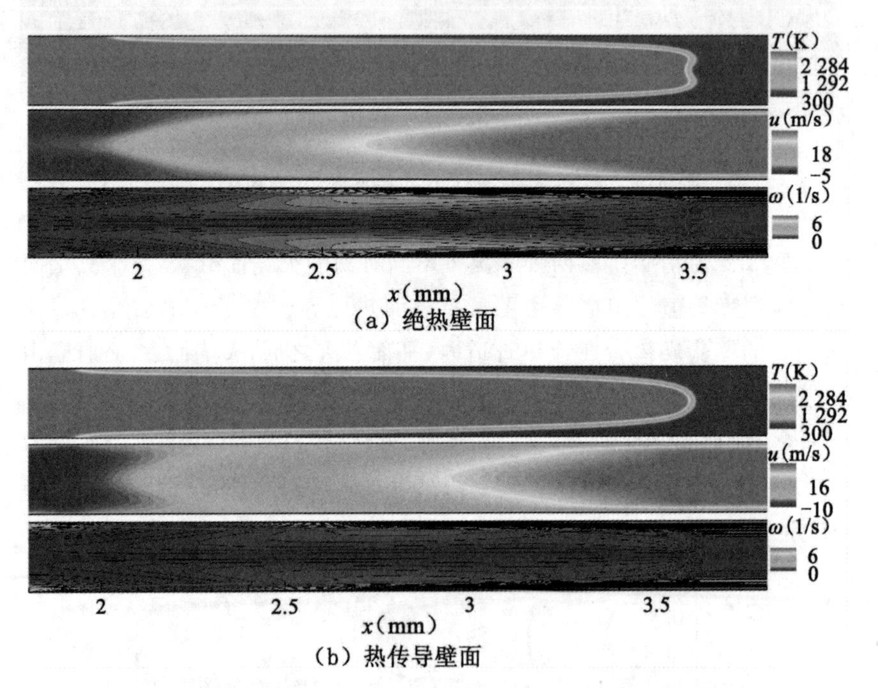

(a) 绝热壁面

(b) 热传导壁面

图 3.5　火焰传播到 3.5 mm 附近时温度、速度、涡量云图

通过仔细分析不同壁面条件下不同时刻火焰面附近的流场特征，如图 3.6 所示，发现壁面热损失通过影响火焰面附近的流动状况从而导致火焰传播速度不同。图 3.6 为 $t=0.106$ ms 和 0.14 ms 时火焰面附近的流动状况的放大图，红色线为火焰面，标有数值的线为速度等值线，带有箭头的线为流线。绝热条件下当 $t=0.106$ ms 和 0.14 ms 时，火焰面前方管道中心部分的流动速度分别为 19 m/s 和 35 m/s，由于边界层效应，流动速度随着靠近壁面而逐渐减低，在壁面处降低为 0，导致火焰面不断被拉伸。从图 3.6 的左栏可以发现，绝热条件下，在手指形火焰内部几乎所有的燃烧产物都向上游流动，只有小部分燃烧产物向下游回流，而且回流速度相对较弱。由图 3.6(a)和图 3.6(c)可以看到，在舌状火焰的末端存在零速度线，表明在舌状火焰的内部大部分的燃烧产物向上游移动，火焰前方未反应的预混气体的状态发生改变，在高温的燃烧产物的推动下也向上游传播。在高速流动的流场中，相对于实验室坐标系，火焰传播速率增加，从而形成正反馈机制。对于壁面有热传导的情况，t=0.106 ms和0.14 ms时，火焰前方的流动速度仅为9 m/s和18 m/s。在相同时刻，与绝热情况相比，火焰面拉伸较弱，如图3.6右栏所示。舌状火焰内部的燃烧产物一部分向上游传播，另一部分向下游传播，壁面附近的回流更加明显。零速度线更靠近火焰面顶端，表明与绝热情况相比，有更多的燃烧产物回流，因此，大大削弱了燃烧物膨胀促进火焰面前方未燃气体的流动，最终导致火焰加速缓慢。

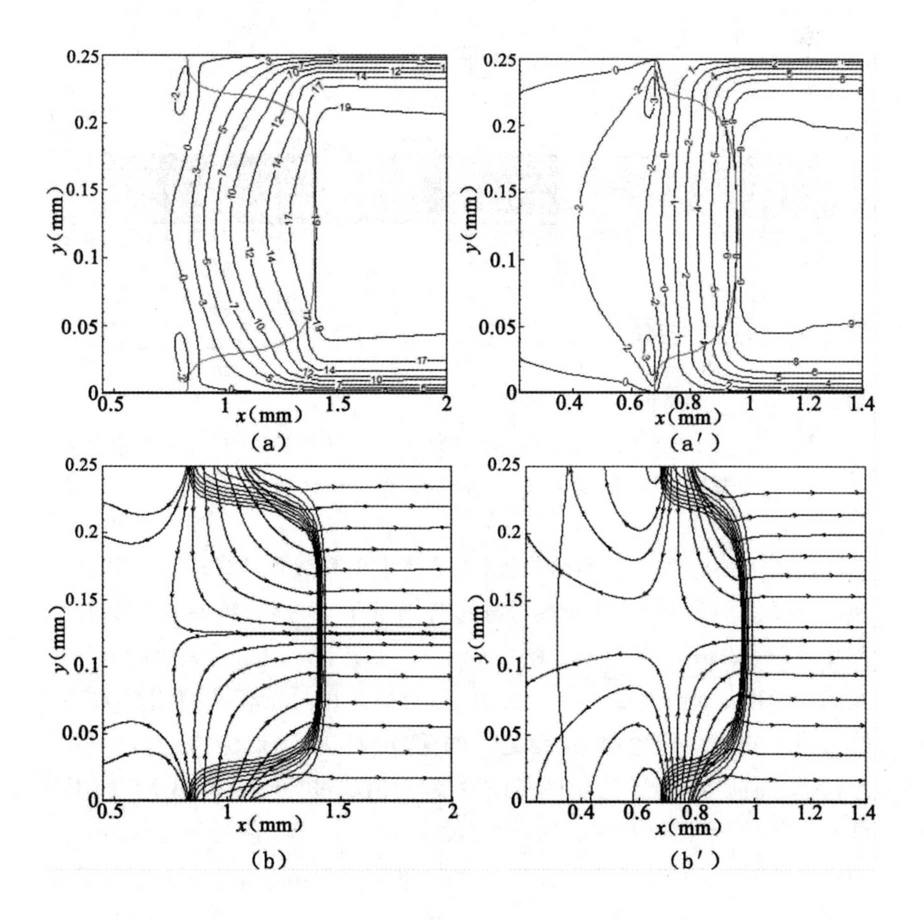

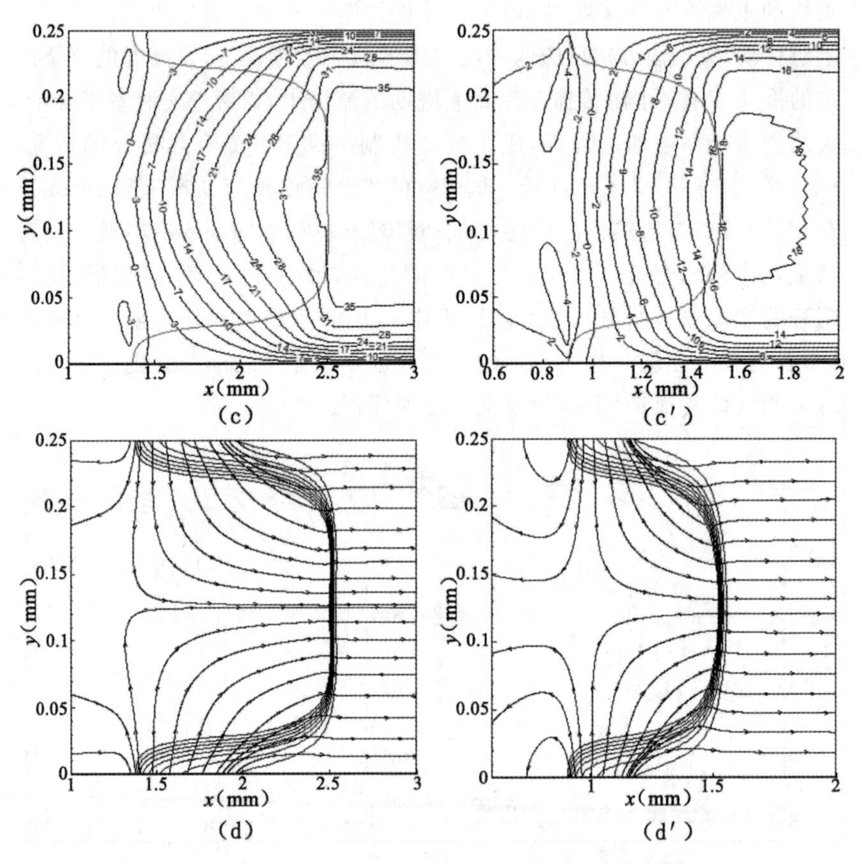

图 3.6 当 $t=0.106$ ms 和 $t=0.144$ ms 时，火焰面附近的流线图和温度等值线，左栏为绝热壁面，右栏为热传导壁面

随着火焰在管道内不断传播，火焰速度由指数加速转变为拟线性加速。由图 3.1 分析可知，在热传导边界条件下，火焰速度在转变为拟线性加速前表现出振荡现象。图 3.7 为 $t=0.481$ ms 时，火焰面附近的流线图和温度等值线图。在绝热条件下，火焰面相对光滑，成手指形状，火焰面附近的流线稍弯曲，特别是火焰前方的流线仍然保持近似平行状态；火焰面前方未燃气体的流动速度最大值超过 200 m/s，见图 3.5(a)(b)。当管道壁面有热损失时，火焰面变得非常褶皱，附近的流线也显出振荡现象，火焰前方未燃气体的流动速度为 120 m/s，远小于绝热壁面情况的值，但是火焰后方回流速度的值为 80 m/s，为绝热情况的 2 倍，燃烧产物的高速回流抑制了火焰的加速；与绝热壁面相比，热传导壁

面的零速度线更靠向火焰面，表明更多的燃烧向下游流动。燃烧产物的回流和向前膨胀对火焰传播的影响形成竞争机制，在这种竞争机制下，火焰传播速度表现出振荡现象。结合图 3.1，发现火焰传播速度转变为拟线性增长时，火焰传播速度接近未燃气体的声速，由于气体的可压缩性，火焰后方的流场变得不均匀，燃烧产物回流速度的增加削弱了火焰加速，即气体的压缩性导致了火焰加速率降低[178]。而在火焰前方的压力波不断叠加会形成激波，激波与火焰的相互作用使得火焰传播速度呈拟线性增加。

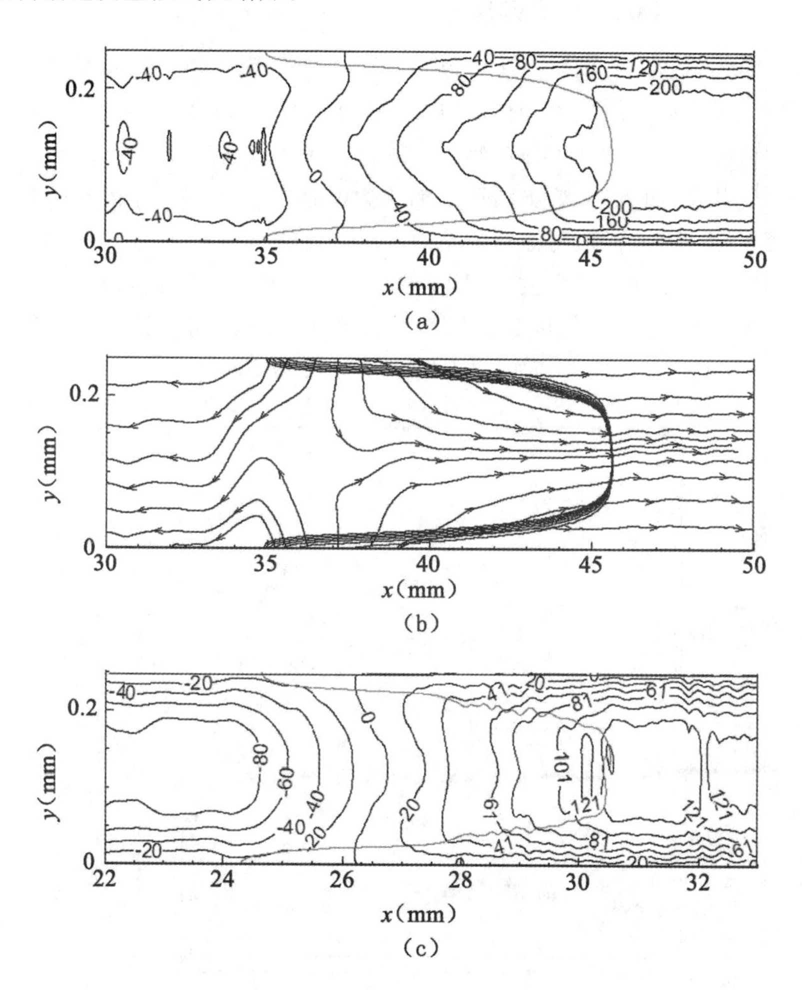

(a)

(b)

(c)

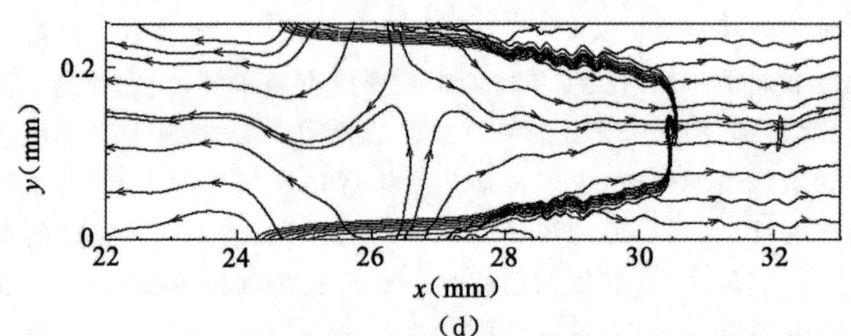

(d)

图 3.7　当 $t=0.481$ ms 时，火焰面附近的流线图和温度等值线，(a)，(b)为绝热壁面，(c)，(d)为热传导壁面

图 3.8 为中心轴线上压力分布随距离的演变规律。初始时刻管道内预混气体逐渐燃烧，此时管道内压力变化不大可以视为等压燃烧，燃烧产物的压力接近管道内初始值。随着时间变化，燃烧产物内的最大压力逐渐升高，而且，火焰不断产生的压力波在前方未燃气体内不断叠加形成前导冲击波。值得注意的是，在绝热情况下，当 $t=0.628$ ms 时，在火焰前方形成前导冲击波，远早于热传导壁面前导激波的形成时间；当 $t=0.957$ ms 时，管道内最大压力约为 0.76 MPa，而在绝热壁面管道内，$t=1.062$ ms 时，管道内最大压力才为 0.44 MPa。

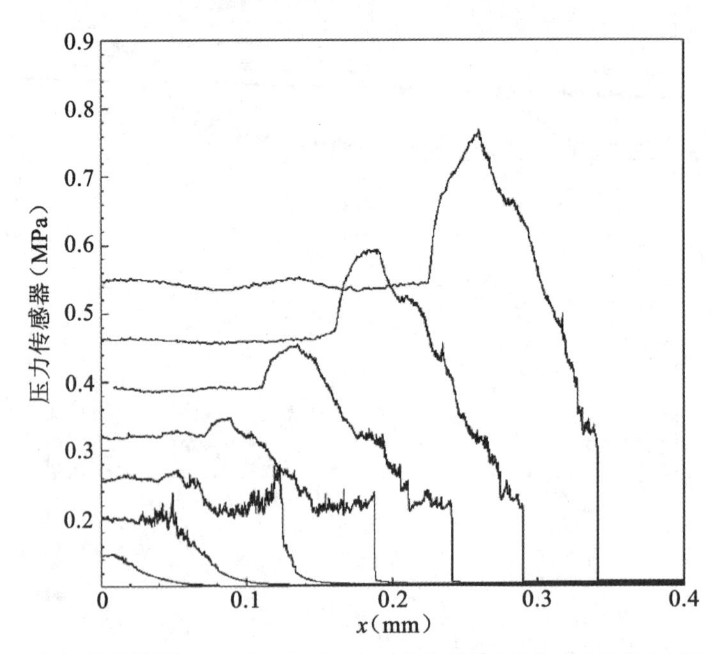

(a) 绝热壁面，t=0.236，0.375，0.506，0.628，0.742，0.848和0.957 ms

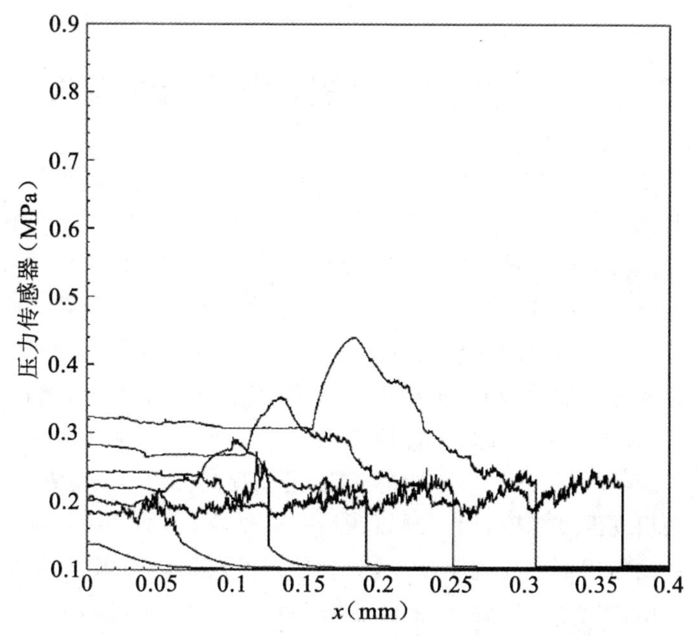

（b）热传导壁面，t=0.276，0.418，0.556，0.688，0.815，0.936和1.062 ms

图 3.8　不同边界条件下，中心轴线上压力随时间变化规律

通过比较图 3.8(a)和 3.8(b)发现，壁面热损失压力梯度形成较慢，在距离左端 0.125 m 处，绝热情况下，火焰前方已经形成前导激波，而壁面有热损失时还没有形成。前导激波对火焰前方气体的扰动促进了热传导进而促进火焰加速，火焰不断加速生成更强的压力波使得前导冲击波更强，而壁面热损失削弱了这种正反馈机制，最终导致火焰加速较慢。图 3.8(b)显示，在 $t=0.556$ ms 时，在热传导管道内出现了逆压梯度，即火焰面前方的压力值大于火焰面后方的压力值，这更进一步抑制了火焰加速。

综上所述，壁面热传导影响火焰面前方未燃气体的流动与火焰面的相互作用，促进了火焰后方燃烧产物的逆向流动；壁面热传导降低了最大压力上升速率，而且导致火焰面附近形成逆压梯度，这些因素最终导致火焰加速率降低。

3.3 壁面热传导对爆燃转爆轰的影响

随着火焰不断加速，火焰像活塞一样推动未燃气体在管道内流动，随着火焰面前方压力波不断叠加，在火焰面前方形成激波，出现典型的两波三区结构。图 3.9 为两种工况下中心轴线上火焰面顶端与火焰前方压力波的位置随时间变化规律。由图可知，火焰面顶端与前导压缩波之间的距离先增加后减小，最后趋于 0，即当前导冲击波与火焰面重合时，爆燃转爆轰发生。火焰包含预热区和化学反应区，由于前导冲击波的预热作用，促进了热传导和能量释放，进而提高了化学反应速率，火焰前方逐渐出现温度梯度，而且预热区域不断变窄，火焰进一步加速。在梯度机理的作用下形成过驱爆轰，前导冲击波与火焰面耦合，最后形成爆轰波。由图 3.9 可以看出，壁面热损失削弱了前导激波与火焰面的相互作用，使得 DDT 转变距离增加。

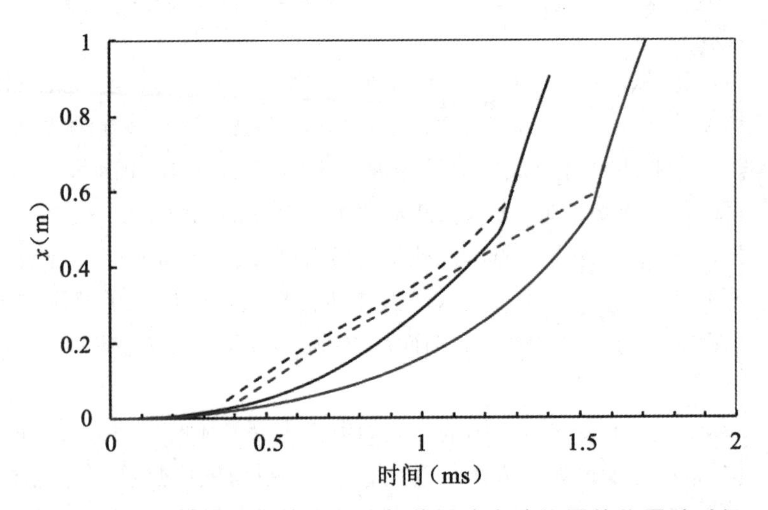

图 3.9 中心轴线上火焰面顶端与前导冲击波位置的位置随时间变化规律，绝热壁面（黑线）和热传导壁面（蓝线）

图 3.10 为爆燃转爆轰阶段温度云图随距离的变化规律。在两种边界条件下，拉伸后的火焰表面都逐渐变得褶皱，随后火焰面逐渐与壁面

连接，火焰逐渐充满管道，火焰面前方的预热区域逐渐缩短，火焰面顶端变得平整从而形成爆轰波，发生爆燃转爆轰。绝热壁面时，$t=1.236$ ms 时，火焰面拉伸很长，火焰面还相对光滑；到 $t=1.242$ ms 时，火焰面变成锯齿状，壁面附近也出现很多点火区域，这些区域与管道中心处的火焰相连，逐渐充满管道，使得火焰面舌状变短，如 $t=1.246$ ms 时所示。随后，火焰面前方边界层中的气体会迅速燃烧，形成超快火焰并向前传播，如 $t=1.255$ ms 和 $t=1.260$ ms 时所示；当 $t=1.265$ ms 时，火焰面成为一个平面，即形成爆轰波。然而，当壁面有热损失时，没有观察到超快速火焰，如图 3.10(b)所示。而是在火焰面顶端前方位置出现早燃，最终导致爆燃转爆轰发生。

为了进一步考察火焰面前方边界层内温度的变化，图 3.11 分别给出了 $t=1.244$ ms 和 $t=1.533$ ms 时绝热壁面和热传导壁面火焰前方截面上温度分布。壁面为绝热时，壁面处温度达到 1 800 K 以上，管道中心处只有 900 K 左右，对于有热损失的情况，壁面处的温度约为 1 600 K，而管道中心处为 1 200 K 左右，所以在热传导条件下，壁面处不易形成超快火焰，而在管道中间容易形成自点火。

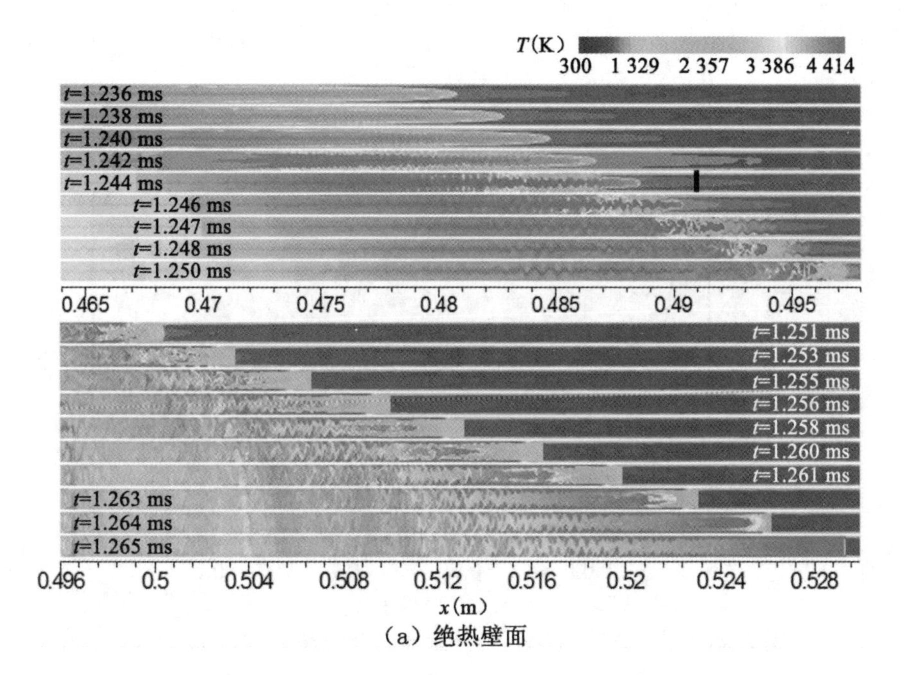

（a）绝热壁面

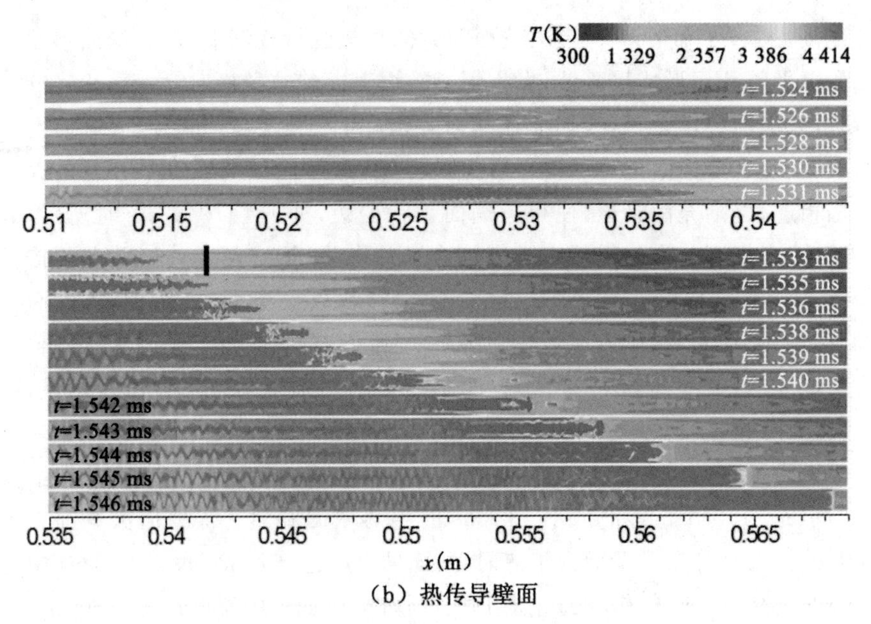

（b）热传导壁面

图 3.10　爆燃转爆轰时的温度云图

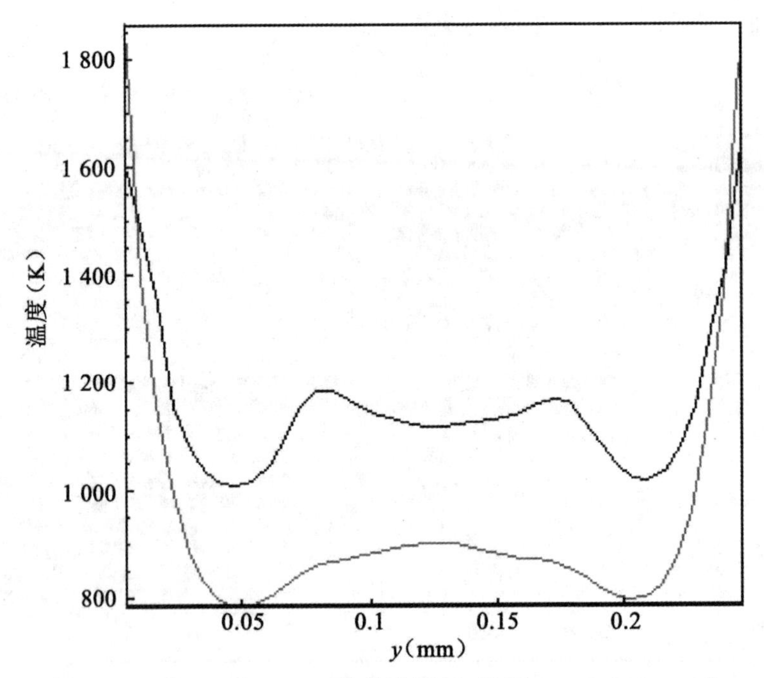

图 3.11　当 $t=1.244$ ms 绝热壁面(红线)和 $t=1.533$ ms 时热传导壁面(黑线)火焰前方截面上温度分布

图 3.12 为图 3.10 的局部放大，显示了 DDT 发生过程中典型的压力、温度和涡量的变化过程。对于绝热情况，火焰面出现锯齿状结构的同时，由于绝热压缩作用，壁面处也出现很多高温区域，如图 3.12(a) 所示。这些高温区域对应于高压区域和明显的涡旋区域，如图 3.11(a) 中 x～48.2～48.8 cm 位置的壁面处。随着火焰传播，边界层处独立的高温区相连使得火焰充满了整个管道，如图 3.12(b)所示。由于火焰前方压力脉冲与边界层的相互作用，形成的旋涡促进了未燃气体与高温气体混合，使得火焰前方的壁面处出现很多自点火区域，高温区域相连在火焰面前方的壁面处形成超快火焰，如图 3.12(c)所示。管道中心处的火焰加速传播，最后与前导冲击波耦合，导致 DDT 发生(x～52.95 cm)。对于热传导边界，在 x～53.0～53.8 cm 处火焰面相对光滑，虽然出现褶皱但锯齿状结构不明显。火焰表面和墙壁之间的旋涡也很弱，因为热损失削弱了压力脉冲，如图 3.12(a′)所示。随着压力脉冲变强，火焰面与墙面之间的旋涡在 x～54.0～54.6 cm 处逐渐明显，如图 3.12(b′)所示。虽然边界层中的旋涡促进火焰表面和墙壁之间火焰充满了整个管道，但是边界层内的火焰没有超过火焰面而传到上游。随着火焰前面的压力脉冲变强，在 x～55.6～55.7 cm 的位置出现早燃，如图 3.12(c′)所示，最终导致 DDT 的发生。由上可知，壁面热损失导致边界层内不能形成超快火焰，只有当压力升高到一定值以至于在管道中心部位能够压缩未燃气体从而导致早燃出现，最后引发 DDT。

图 3.13 和 3.14 为两种壁面条件下爆燃转爆轰发生时，管道中心轴线上温度和压力的变化曲线。当火焰前方形成前导冲击波后，压力曲线整体跨度较宽，包含了较长的预热区域和火焰面附近的反应区。开始时刻，压力最大值出现在火焰面附近，但是没有形成激波，如图 3.13(a)所示。随着火焰面与压力波相互作用，火焰面处的压力波逐渐增强，并转变为激波，如图 3.13(b)所示。此时，压力峰值超过 6 MPa，火焰面后方的温度曲线出现高频抖动现象，这是因为火焰后方处于湍流状态，流场与壁面的相互作用以及流动与化学反应的相互作用使得管道中出现各种尺度的旋涡，温度曲线出现震荡现象。随着火焰前方的预热区域逐渐缩短，与温度梯度相关的反应梯度机理形成，高温高压的未燃气体进入火焰面，使得化学反应速率增加，热释放量增加导致压力进一步升高，在 $t=1.258$ ms 时，最大压力值为 8 MPa 左右，远大于 ZND 压力值。压

力脉冲与火焰之间的相互作用使得压力进一步升高，火焰速度进一步增加，在 $t=1.264$ ms 时，火焰面与激波耦合形成爆轰波。

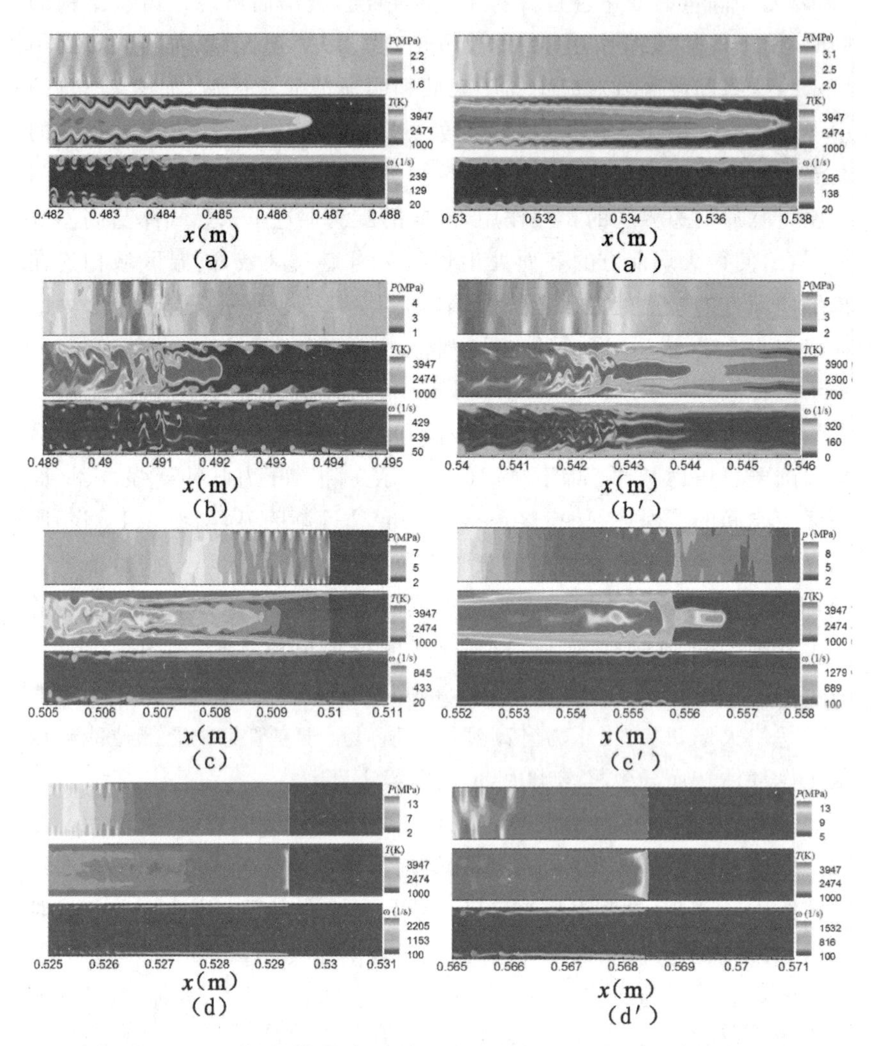

图 3.12　爆燃转爆轰时的压力、温度和涡量云图的局部放大图，绝热(左栏)，热传导(右栏)

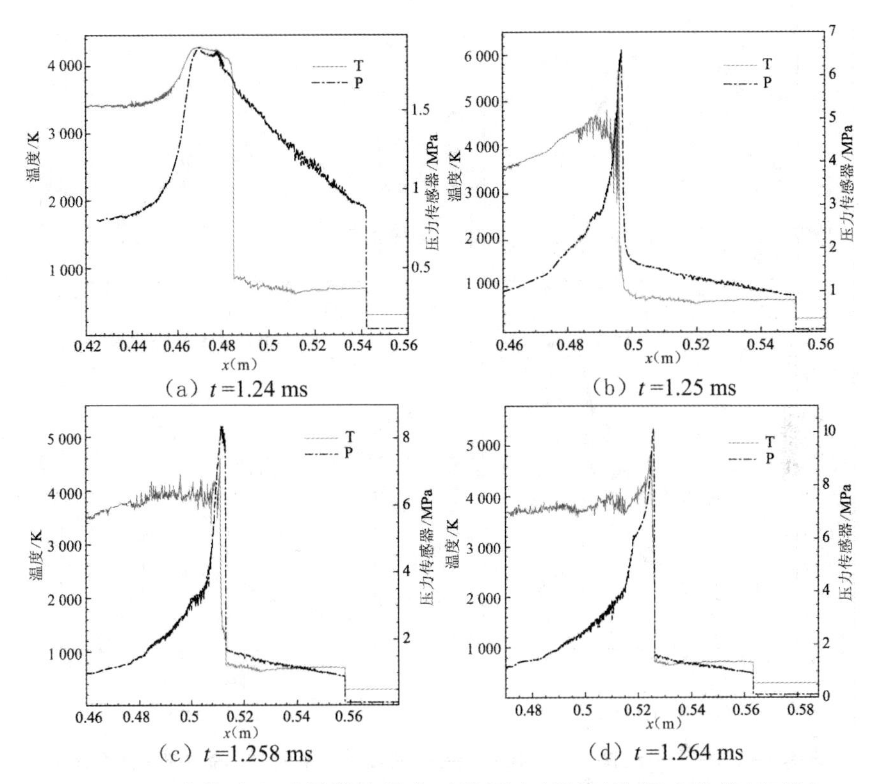

图 3.13 绝热壁面时爆燃转爆轰时的压力(黑线)和温度曲线(红线)

壁面有热损失时,管道中心处温度和压力曲线的变化规律整体与绝热壁面时的情况相似。火焰与压力脉冲相互作用使得压力不断升高,在 $t=1.538$ ms 时,最大压力上升到 5.5 MPa,此时火焰面前方的温度曲线出现一个凸起,温度约为 2 500 K,结合图 3.12 发现此处出现早燃现象。当 $t=1.55$ ms 时,火焰面与激波耦合,形成过驱爆轰,火焰最终以爆轰波的形式向前传播。

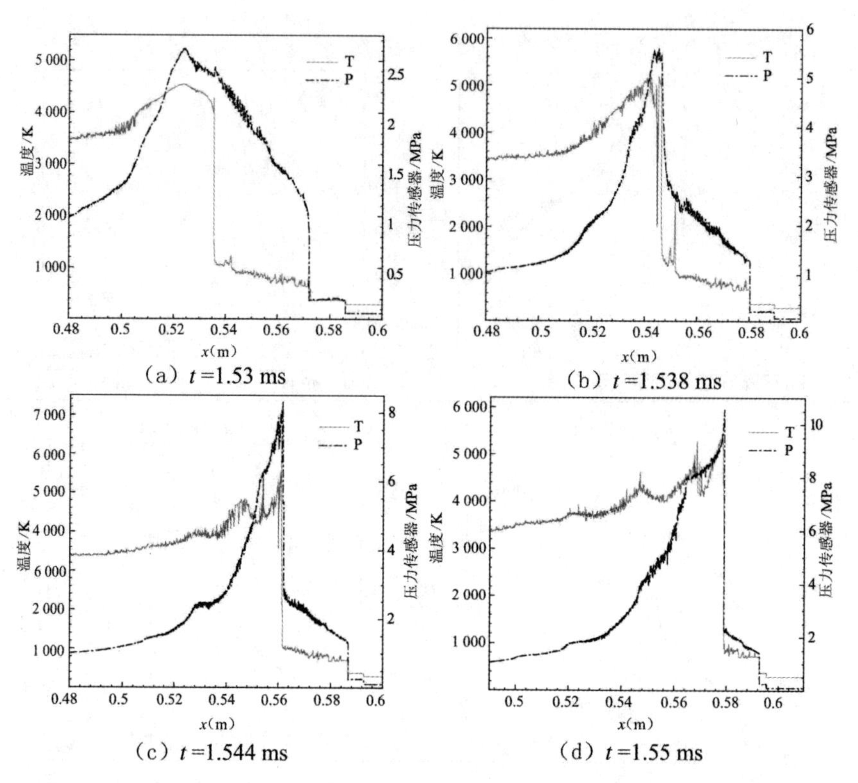

(a) t=1.53 ms (b) t=1.538 ms

(c) t=1.544 ms (d) t=1.55 ms

图 3.14 热传导壁面时爆燃转爆轰时的压力(黑线)和温度曲线(红线)

3.4 本章小结

本章主要研究了壁面热传导对火焰加速及爆燃转爆轰整个过程的影响,对比了绝热壁面和有热损失的壁面两种情况下火焰加速过程,得到的主要结论如下:

(1)壁面热传导使得火焰加速率降低,爆燃转爆轰时间推迟,并且稳定传播的爆轰波速度值降低。

(2)壁面热传导促进了火焰后方燃烧产物的逆向流动,削弱了由于燃烧产物的膨胀而促进管道内气体向上游流动的趋势,同时使得火焰面前方的预热现象不明显,从而抑制了火焰加速。

(3)随着火焰不断产生压力波,压力波在火焰前方不断叠加形成前导冲击波,前导冲击波对火焰前方的未燃气体及流场进行作用,促进了热传导和能量的释放,有利于火焰加速传播,壁面热传导削弱了最大压力的上升速率,使得火焰与压力波的相互作用减弱,进而降低了火焰加速率。

(4)当管道壁面为绝热时,由于边界层与流场的相互作用,边界层内未燃气体出现点火并形成超快火焰在火焰面前方的壁面处传播,管道中心处的火焰与前导冲击波耦合时形成爆燃转爆轰;当管道壁面为热传导壁面时,边界层内没有出现超快火焰,而是在火焰前方出现早燃现象,触发了爆燃转爆轰。

第 4 章　复杂环境下火焰加速及爆燃转爆轰的大涡模拟

4.1　引　言

可燃气体爆炸事故多发生在储罐群、厂房、地下管网等结构中，这些区域一般尺度大、环境复杂，火焰、爆燃波和冲击波在这些障碍物(群)中传播时存在强烈的几何边界、流动和化学反应的相互作用。由于实验研究受到空间、时间以及实际条件的限制，对大尺度区域内气体爆炸的研究必须借助于数值模拟。而数值模拟研究带化学反应的流动问题最精确的方法是直接数值模拟(DNS)，直接数值模拟不需要采用任何湍流模型，即直接求解瞬态 N-S 方程组。但是为了能模拟所有尺度的湍流脉动，直接模拟要求网格尺度要足够小，因此需要很大的计算量。在目前计算机资源条件下，DNS 只能研究小尺度区域内的流动问题。大涡模拟(LES)方法通过滤波的方法将流场中不同尺度涡旋分为大尺度涡旋和小尺度涡旋，大尺度的涡旋通过 N-S 方程组直接求解，小尺度的涡旋对大尺度旋涡的作用通过亚网格尺度模型进行模化，从而建立与大尺度涡旋的关系。与 DNS 相比，LES 可以使用较大的网格，节省了计算量，提高了计算效率，可以对较大尺度区域内的流动问题进行模拟，而且还能相对准确地反映流场的性质，因此，随着计算机性能的不断改善，LES 越来越受到国内外学术界关注，也得到了迅速发展。

本章主要利用 LES 方法研究了宏观尺度复杂区域内火焰加速、爆燃转爆轰的过程，首先研究了管道宽度对爆燃转爆轰的影响，揭示当管道宽度从毫米量级增加到厘米量级时火焰加速规律的变化。针对宏观尺度的矿井内瓦斯爆炸过程，进行了数值模拟研究，分析爆炸过程中高速、高温、高压气流的流动规律，分析了其致灾机理。研究了管道内障碍物对火焰加速及爆燃转爆轰的作用机理。最后对无约束空间中火焰传播过程进行了研究，分析了无约束空间内火焰传播的规律、速度、火焰拉伸率与火焰传播距离的关系。

4.2　管道宽度对火焰加速及爆燃转爆轰的影响

计算区域为长 1 m，宽度分别为 5 mm、10 mm 和 20 mm 的半封闭管道。内部充满当量比的乙烯/空气预混气体。壁面为固壁无滑移，且不考虑壁面热传导。未反应混合物的初始温度为 300 K，初始压力为 1 个标准大气压，初始时刻对流场进行了小尺度的随机扰动，网格为均匀网格，大小为 0.2 mm。点火区域设置在管道封闭端，采用高温弱点火。图 4.1 为不同宽度的管道内火焰面顶端的速度随时间变化规律。在三种工况下火焰都经历了火焰加速、爆燃转爆轰的过程，但是加速率和爆燃转爆轰时间不同。随着管道变宽，火焰加速率降低，爆燃转爆轰时间延长。数值模拟结果与 Liberman 等[179]的结论相似，即火焰加速到爆燃转爆轰经历三个阶段，即指数加速阶段、加速率相对减小阶段和爆燃转爆轰阶段。

从图 4.1 可以发现，数值模拟结果显示管道宽度不同时，火焰加速过程都经历三个阶段。在第一阶段内，火焰速度呈指数增长，图 4.2 为指数增长阶段的放大图，从图中可以看出，火焰速度指数加速阶段的加速明显不同，管道越窄火焰加速率越快。宽度为 5 mm 时，与其他两种工况相比，加速率最快，这也与以前的数值模拟和实验结果一致[177]。虚线为相应的拟合的指数函数，$y=a\exp(bx)$。三种工况下，指数函数中的幂次方 b 随管道宽度增加而减小，这也说明了管道越宽，初始阶段火焰加速越慢。

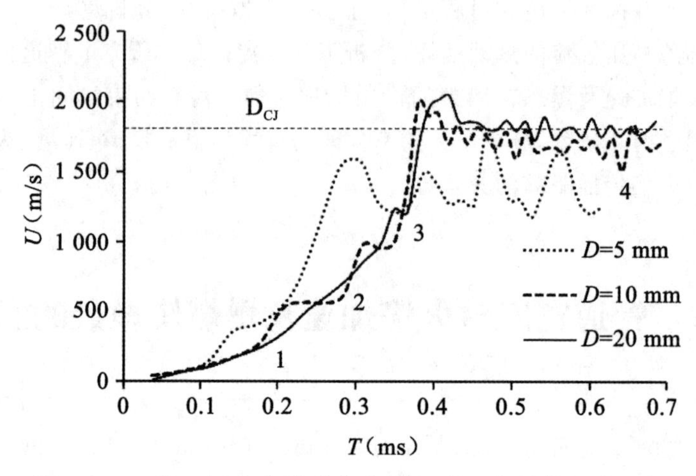

图 4.1　三种不同宽度管道内火焰加速及爆燃转爆轰过程

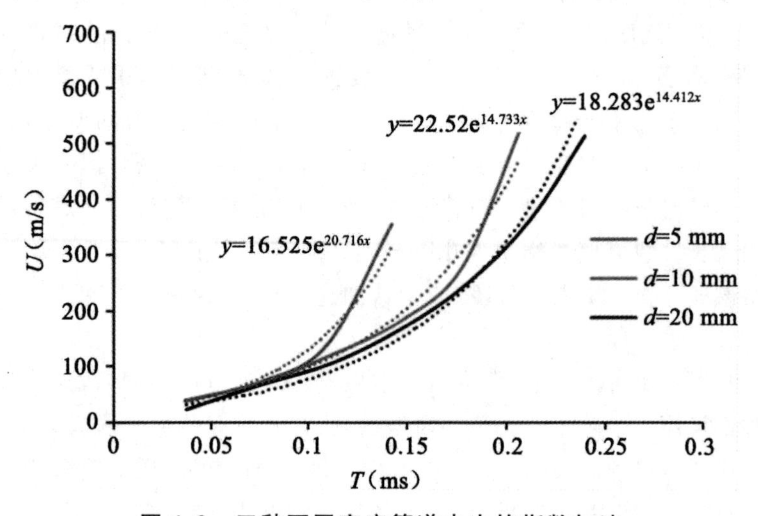

图 4.2　三种不同宽度管道内火焰指数加速

在第二阶段，火焰加速率相对于第一阶段速度加速率降低。当管道宽度为 5 mm，$t=0.14$ ms 时，火焰速度曲线的斜率突然减小，曲线变得较平坦，随后又逐渐变陡，斜率增加，在 $t=0.29$ ms 时达到最大值 1 600 m/s。当管道宽度为 10 mm 时，$t=0.2$ ms 时，火焰速度曲线斜率减小，曲线变得较平坦，此时速度大小为 500 m/s 左右，在经历一个加速期后，$t=0.31$ ms 时，火焰速度出现了下降，此时火焰速度约为 900 m/s，随后火焰速度突然增加到最大值约为 2 000 m/s。当管道宽度为 20 mm 时，火焰加速的第二阶段不是太明显，在 $t=0.25$ ms 时火焰加速率稍微有所下降，在 $t=0.35$ ms 时出现了拥塞(choking)现象，紧接着发生了爆燃转爆轰，火焰速度值达到最大值 2 100 m/s。爆燃转爆轰发生之后，火焰速度值达到最大值然后都逐渐减小到一个稳定值。但是，当管道宽度为 5 mm 时，爆轰速度出现了震荡现象，大小为 $0.64\ D_{CJ}\sim1.0\ D_{CJ}$，平均值为 $0.76\ D_{CJ}$(1380 m/s)。这种爆轰传播模式对应于"驰振式爆轰"[46]。当管道宽度为 10 mm 时，爆轰速度平均值为 $0.93\ D_{CJ}$(1 700 m/s)，略低于 C-J 爆轰速度值，而且速度振荡频率较大振幅较小，这种爆轰传播模式对应于快速波动式爆轰。当管道宽度为 20 mm 时，爆轰速度值为 1 830 m/s，接近 C-J 爆速，表明此时的管道宽度足够宽以至于爆轰波能够以稳定的 C-J 爆速向前传播。

当管道宽度不同时，火焰面形状的发展规律会发生变化。图 4.3 为三种宽度的管道内从点火到爆燃转爆轰发生后火焰面形状的变化过程。在 $d=5$ mm 宽的管道内，平面点火之后，火焰面失稳，出现褶皱，随后火焰被拉伸成手指形状。这是由于在窄管道内边界层效应明显，边界层对管道内部流场影响较大，火焰前方的流场中横截面上的速度廓线呈抛物线形，火焰在这样的流场中传播时逐渐被拉伸。图 4.3(a)中 $t=38$ ms、110 ms 和 173 ms 时刻的火焰形状显示了这一过程。当 $t=225$ ms 时，拉伸的火焰面逐渐变短，火焰面顶端变平。当 $t=263$ ms 时，横向方向火焰面与管道之间的空隙消失，火焰转化为爆轰波。图 4.3(b)显示管道宽度为 10 mm 时，火焰面没有被拉伸成手指形状，火焰面发生褶皱之后，有两个突出的部分传播较快，形成不规则的郁金香形状。当 $t=393$ ms 时，火焰面变成一个平面，对照图 4.1 显示的火焰速度曲线发现发生爆燃转爆轰。当管道宽度增加到 20 mm 时，火焰面形状变化与前两种工况时都不同。火焰面变得褶皱后，靠近壁面处火焰传播较快，中间凹陷在 $t=311$ ms 时形成多瓣花状。当 $t=370$ ms 时，火焰面内部出现未燃气囊，在 $t=41$ ms 发生爆燃转爆轰之后火焰面变成准平面。

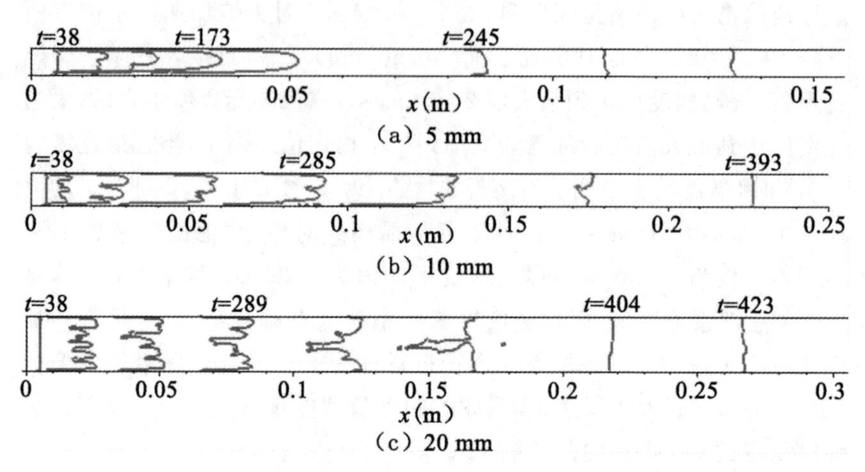

图 4.3　三种宽度管道内不同时刻(μs)火焰面形状变化规律

图 4.4 显示了在宽度为 5 mm 和 20 mm 的管道内中心轴线上流动速度曲线。随着火焰传播,火焰前方流动速度逐渐增加。在 $d=5$ mm 的管道内,$t=0.08$ ms 时,流动速度已接近 100 m/s,而在 20 mm 宽的管道内,$t=0.08$ ms 时管道内流动速度只有 62.8 m/s。$t=0.14$ ms 时,5 mm 宽的管道内流动速度接近 300 m/s,接近未燃气体内的声速,而 $t=0.15$ ms 时,20 mm 宽的管道内流动速度为 140 m/s,远小于同时刻 5 mm 宽管道内的值。结合图 4.1 和 4.2 可知,火焰传播速度与管道内流动速度密切相关。随着火焰传播,火焰前方流动速度逐渐增加,在窄管道内流动速度增加较快,相应的火焰传播速度相对于实验室坐标也较大。从图 4.4 可以看出,随着火焰从封闭端加速传播,管道内燃烧产物反向流动变得越来越激烈。5 mm 宽管道内最大逆向流速在 $t=0.2$ ms 时接近 300 m/s,由于气体的可压缩性,火焰速度加速率降低。

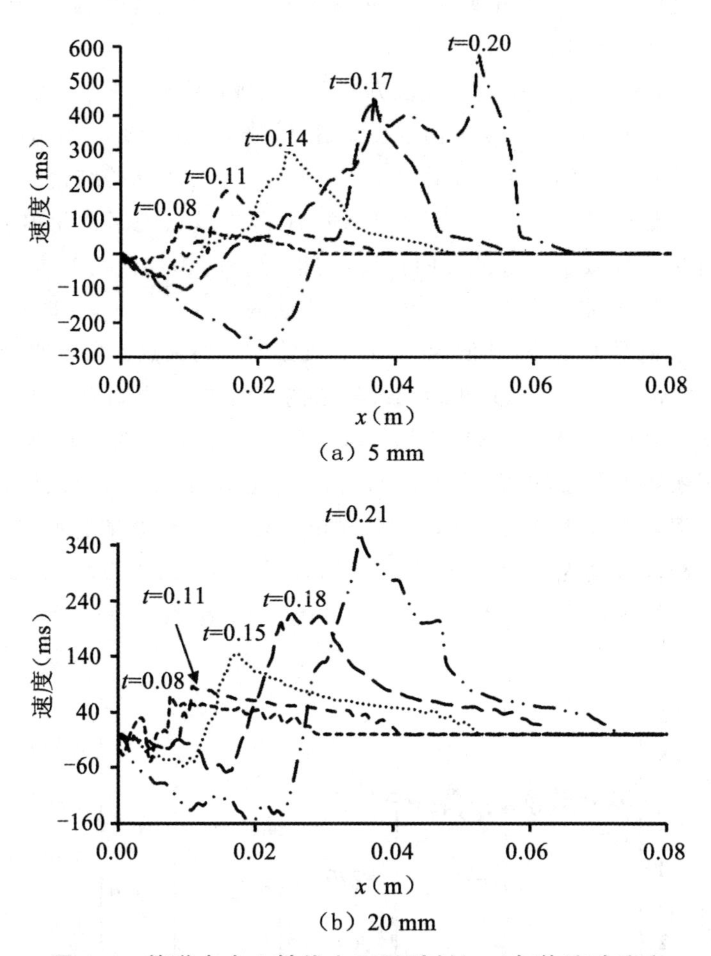

(a) 5 mm

(b) 20 mm

图 4.4　管道内中心轴线上不同时刻(ms)气体流动速度

随着火焰的加速，火焰生成的压力波在火焰面前方不断叠加，最后形成前导冲击波。当火焰面与前导冲击波耦合时，则形成爆轰波。图 4.5 为三种工况下，爆燃转爆轰时中心轴线上温度与压力的分布规律。当管道宽度为 5 mm 时，$t=263$ ms 时，火焰前方出现前导冲击波，前导冲击波与火焰面之间有一定距离。两者之间的未燃气体被前导冲击波压缩预热，火焰面与前导冲击波之间的距离进一步缩小，压力峰值达到 2.6 MPa。当 $t=295$ ms 时，火焰面传播到 0.161 m 处，此时，压力峰值为 3.0 MPa 左右，接近 ZND 压力值，火焰面与压力波阵面耦合，可以断定此时发生了过驱爆轰,从而触发 DDT。当管道宽度为 10 mm 时,t=0.35 ms 时前导冲击波形成,其压力值为 1.5 MPa 左右,最大压力值出现在火焰面附近,此时火焰前方的预热区域较明显,温度约为 500 K。当 t=0.366 ms 时,压力峰值出现在火焰面前方,其值为 3.5 MPa,同时未燃气体内出现高温区域,温度为 1 050 K,结合上一章的结论可知,此处出现早燃现象。当 t=0.380 ms 时,压力曲线出现了两个峰值,因为局部爆炸导致了回爆波反向传播,向前传播的爆炸波与前方火焰面耦合形成爆轰波。在宽度为 20 mm 管道内,t=0.409 ms 时火焰面前方出现前导冲击波,其值为 2 MPa,火焰前方的预热区域较明显。当 t=0.42 ms 时,与 5 mm 和 10 mm 管道内不同的是,火焰面后方出现压力峰值,其值为 7 MPa,即在火焰内部出现局部爆炸,促发了过驱爆轰从而形成爆燃转爆轰,火焰面与前导冲击波耦合。在 5 mm 宽的管道内,爆燃转爆轰距离为 0.161 m,而在 10 mm 和 20 mm 宽的管道内,爆燃转爆轰距离分别为 0.203 m 和 0.251 m,即随着管道宽度增加,爆燃转爆轰距离增加。

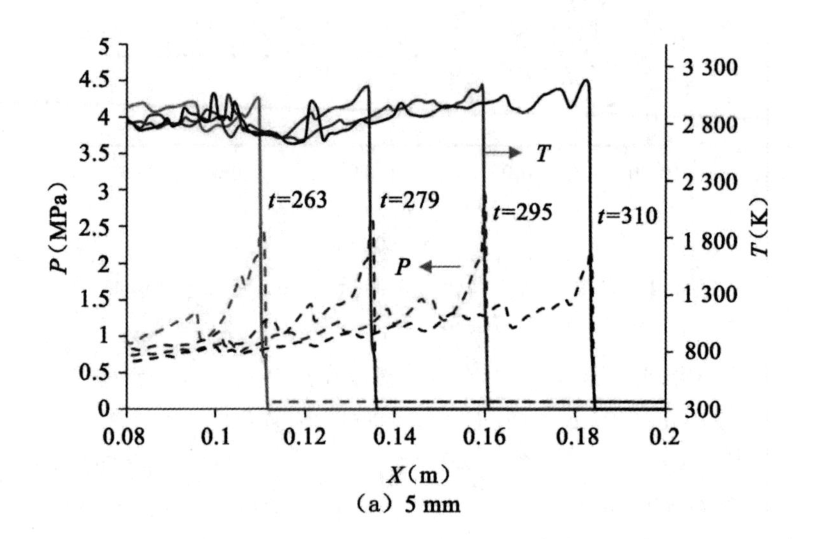

(a) 5 mm

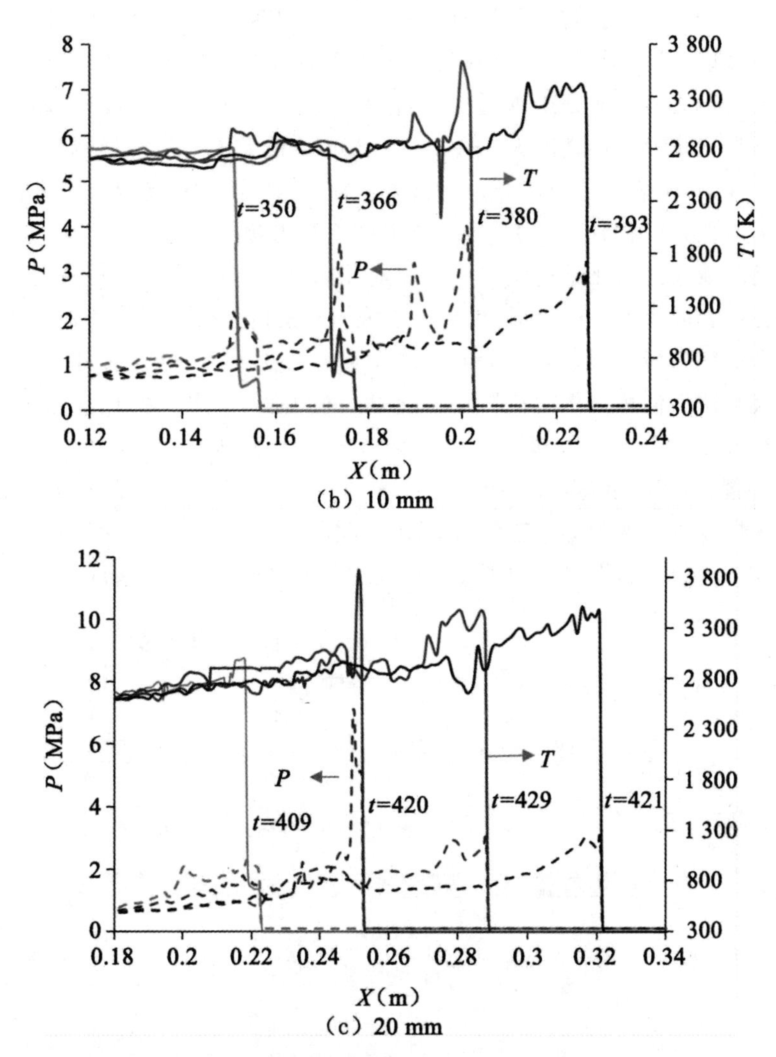

（b）10 mm

（c）20 mm

图 4.5　不同宽度管道内爆燃转爆轰时不同时刻(μs)中心轴压力和温度曲线

当火焰以爆轰波的形式传播时，与爆轰波运动方向垂直的方向存在着横向运动的激波，横波与前导激波碰撞形成的三波点的运动轨迹就是常见的菱形爆轰胞格图案。不同宽度的管道内，爆轰波传播时显示出的胞格结构不同，图 4.6 为三种宽度的管道内最大压力历程和中心轴向上压力曲线。在宽管道内可以看到完整的胞格结构，而在窄管道内，由于横向尺度的限制，不能形成完整的胞格。当管道宽度为 5 mm 时，在

x=0.1 m处压力迅速上升，此后压力云图出现螺旋传播形式，即由于管道宽度限制，爆轰波呈现螺旋爆轰。爆轰波在管道内传播时，前导冲击波与爆轰波阵面处于耦合状态，但是他们之间的距离在逐渐增加，而且诱导区长度在逐渐加大。在x=0.2 m处最大压力值降低，爆轰波速度加速降低，表明此时前导冲击波与火焰面发生解耦，爆轰波进入低速传播阶段，此时最大压力低于2 MPa，爆轰波局部速度为0.6D_{CJ}左右。但是爆轰波内的化学反应并未结束，火焰面与前导冲击波保持一定的距离并以相同速度往前传播，前导冲击波对管道内未燃预混气体进行压缩并形成诱导区。爆轰波在管道内传播到大约0.26 m的位置处，前导冲击波与壁面的相互作用使得局部化学反应增强，随之产生热点，进而形成局部爆炸中心。局部爆炸中心会形成强压缩波，最大压力又一次上升，火焰面速度迅速增加，并追赶上前导冲击波，又一次形成过驱爆轰，此时爆轰波速度为D_{CJ}左右，然而由于过驱爆轰波并不能自持稳定地传播，故逐渐衰减，爆轰波速度随之降低，随后形成下一个传播周期。

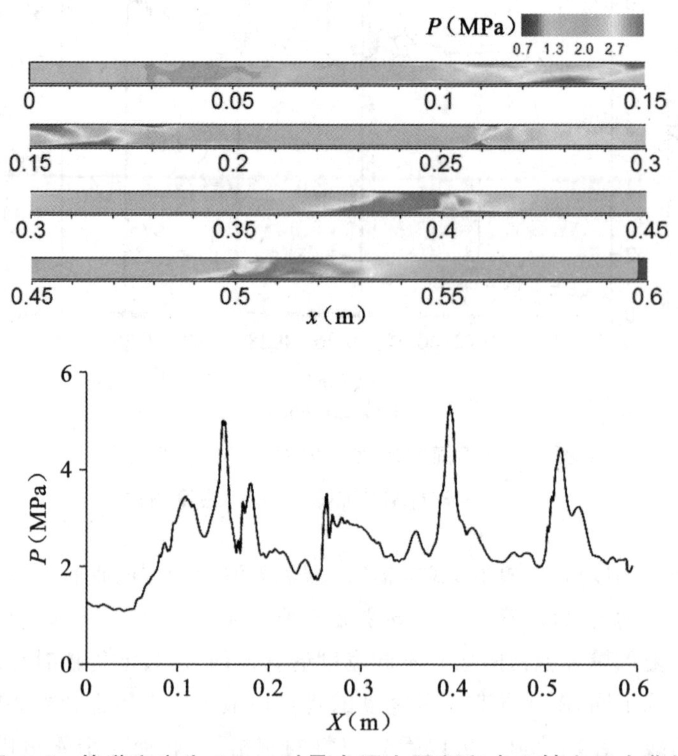

图4.6 管道宽度为5 mm时最大压力历程和中心轴上压力曲线

当管道宽度为 10 mm 时，如图 4.7 所示，最大压力在 $x=0.2$ m 处达到最大值，由压力云图可以看到此处形成过驱爆轰，随后最大压力降低，最大压力历程中呈现出尺度较小的胞格结构。中心轴线上的压力呈高频震荡形式，直到 $x=0.5$ m 时，爆轰波变为单头螺旋爆轰，压力曲线表现出相对规则的震荡。数值模拟结果显示单头螺旋爆轰的螺距约为 0.036 m，为管道宽度 0.01 m 的 3.6 倍，与实验结果相符。Campbell 等[180]通过实验第一次发现了在小直径管道中存在螺旋爆轰现象，螺旋爆轰的螺纹间距大约是管道直径的三倍。Wang 和 Jiang 等[181]也对爆轰胞格的自适应性进行了研究，发现在几何区域的约束下，胞格的尺度大小可以增大或缩小。

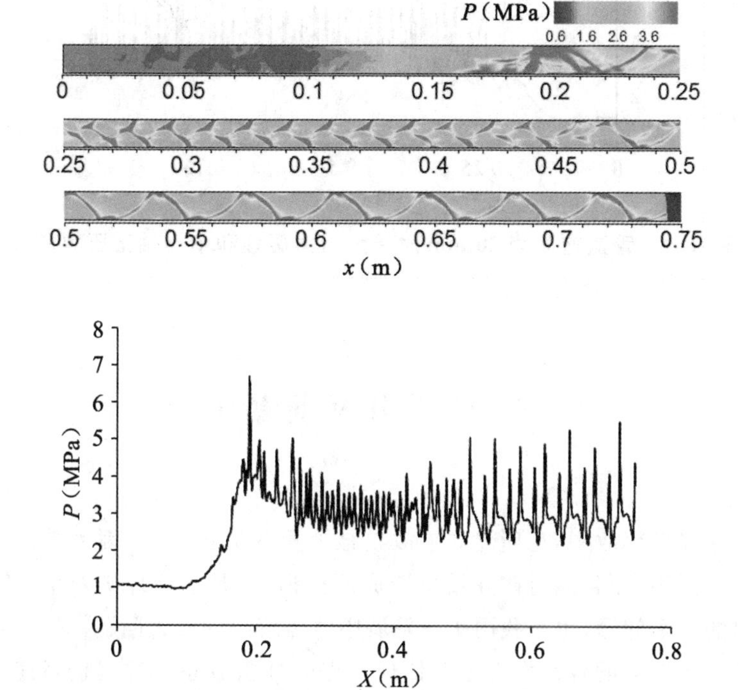

图 4.7　管道宽度为 10 mm 时最大压力历程和中心轴上压力曲线

当管道宽度为 20 mm 时，从图 4.8 的压力云图和轴线上压力曲线可以看出，在距离管道左端 $x=0.25$ m 处压力突然上升，形成过驱爆轰后，胞格尺度较小，随后逐渐增加并变得规则。数值模拟结果显示胞格大小为 10～30 mm，这与实验结果 20 mm 相符。

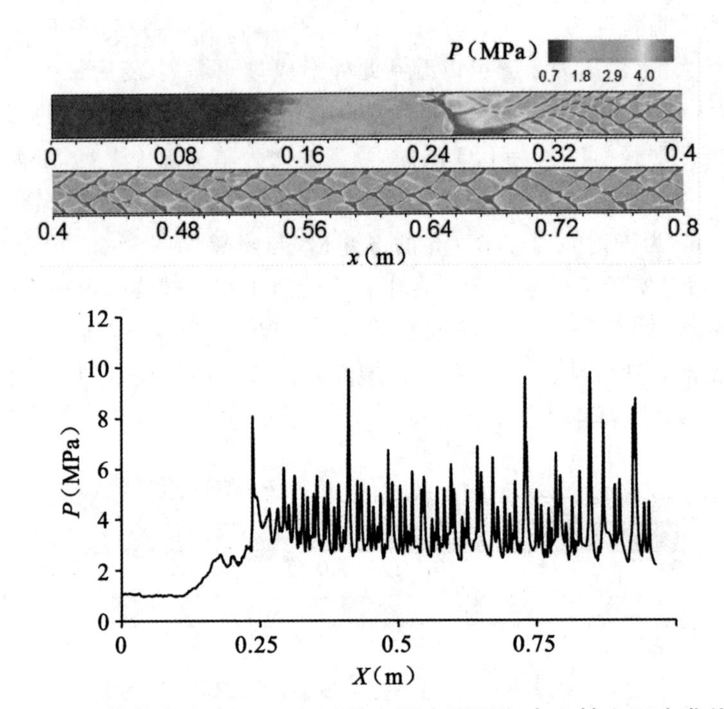

图 4.8 管道宽度为 20 mm 时最大压力历程和中心轴上压力曲线

4.3 矿井瓦斯爆炸

在煤矿事故中，瓦斯爆炸事故是最严重的灾害之一，因为其极易造成群死群伤，而且能对矿井设备造成严重损坏，是当前煤矿安全生产最突出的一个问题，也是我国矿业发展中急需解决的重大问题。矿井瓦斯爆炸事故造成的各种伤害主要体现在爆炸冲击波超压、高温、高速气流造成的伤害，以及爆炸产生的有毒有害气体造成的损伤，其中前三个因素是主要的损伤方式。大量瓦斯爆炸灾害事故调查发现，高速的爆炸冲击波波阵面对遇到人或其他设备进行极大地冲击，紧跟着冲击波波阵面之后的是同向运动的高速气流，其以猛烈的冲击力对人或其他障碍物产生二次致命的伤害，这些严重后果不可忽视。爆炸过程中火焰和冲击波的传播规律一直受到人们的广泛关注，但是瓦斯爆炸的致灾机理仍然没有解释清楚,需要进一步系统地开展研究。瓦斯积聚区长度是瓦斯爆炸效应的重要影响因素之一。爆炸灾害的损害程度与瓦斯积聚区长度密切相关,已有研究表明,瓦斯积聚区长度对火焰区范围和爆炸峰值超压都有一定影响。本节主要采用大涡模拟方法研究不同积聚区长度的瓦斯气体的爆炸过程,以便找到其对瓦斯爆炸效应的影响规律和致灾机理。采用的数值格式为5阶加权本质无振荡的爆炸波传播(WENO)有限差分格式离散方程的对流项,6阶中心差分离散方程扩散项,方程是时间步采用3阶 TVD Runge-Kutta 求解。

4.3.1 计算模型

计算区域横截面为2.7 m×2.7 m,即面积为7.29 m^2,长为400 m的方形断面独头巷道。计算模型的草图如图4.9所示。在巷道封闭段填充浓度为9.5%的瓦斯/空气预混气体,气体的量分别为50 m^3、100 m^3、200 m^3,即积聚区长度分别为7 m、14 m和28 m。初始时刻巷道内气体的温度为300 K,压力为一个标准大气压,流动速度为0 m/s。点火位置为巷道左端中心处,温度为2500 K,网格为均匀网格,大小为0.05 m。为了测得爆炸过程巷道内压力、温度、流动速度的变化,从巷道左端开始每隔2 m布置一个监测点。数值模拟用到的参数如表4.1所示。

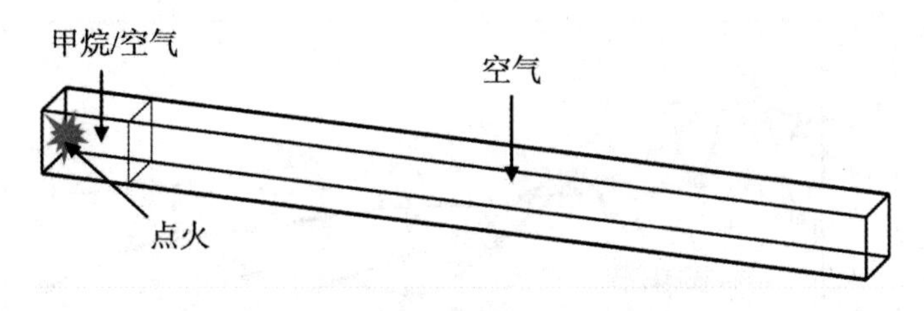

图4.9　矿井瓦斯爆炸计算模型

表4.1　数值计算物理参数

参数	符号	取值
初始压力	P_0	1 atm
初始温度	T_0	298 K
初始密度	ρ_0	1.1 kg/m^3

续表

参数	符号	取值
比热比	γ	1.197
摩尔质量	M	0.027 kg/mol
指前因子	A	1.64×10^{10} m³/kg/s
放热量	Q	$39RT_0/M$
活化能	Ea	$67.5RT_0$

4.3.2 计算结果与分析

为了验证数值模拟结果的有效性，首先对比了瓦斯积聚区长度为14 m时数值模拟结果和实验结果[53]。图4.10为巷道内压力峰值随距离变化规律，显示了数值模拟结果与实验结果对比。整体来看峰值压力变化趋势近似，距左端80 m之内的数值模拟结果符合较好，之后的值比实验值稍微偏高，这是由于数值模拟中没有考虑壁面的热传导，计算区域的边界为固壁、绝热的壁面。最大压力值出现在巷道左端，首先压力峰值逐渐增加并达到最大值，随后又随着远离点火端而逐渐降低。当瓦

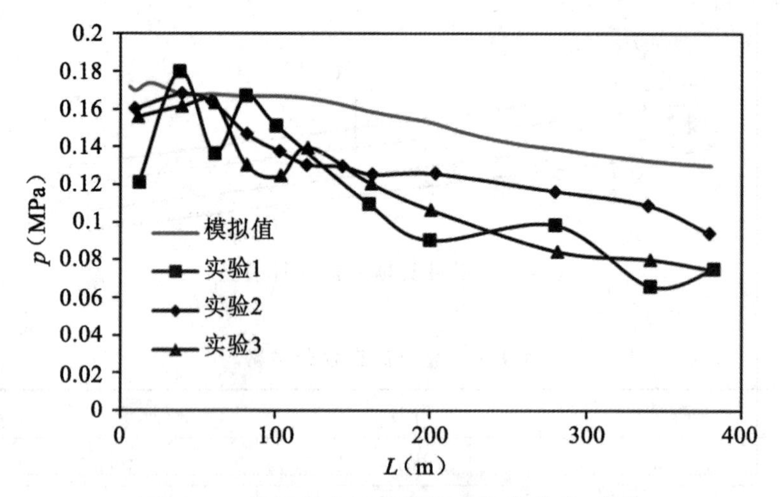

图4.10　爆炸压力峰值随距离变化曲线，数值模拟结果与实验结果对比

斯/空气预混气体被点燃以后，火焰处于加速状态，可燃气体不断燃烧释放的能量使得压力不断升高。而传播一定距离后，可燃气体不断被消耗掉，由于爆炸气体的膨胀而产生的活塞效应推动气体在巷道内流动以及热传导的作用，压力增大到最大值后便呈现下降趋势。从图 4.10 中可以看到，瓦斯爆炸毁伤区域远远大于瓦斯积聚区长度。

图 4.11 为当瓦斯/空气积聚区长度为 14 m 时巷道内不同测点处压力变化趋势。点火之后，爆炸波在巷道内从封闭端向右端开口处传播，各监测点的压力依次逐渐增加。当监测点靠近巷道左端时，压力增长速度缓慢，即压力上升速率较小，这意味着需要更长的时间才能达到压力峰值。然而，对于远离巷道左端的监测点，到达峰值的时间较短。从图 4.11 可以看出，距离巷道左端的监测点的最大超压接近 0.9 个大气压，对人体造成极大的危害。在远离点火端 360 m 的距离处，产生的超压也接近 0.5 个大气压，也足以导致人体内脏损伤。图 4.12 为这些监测点处的气体流动速度的变化规律。点火后产生大量的气体燃烧产品，这些高温燃烧产物迅速膨胀，推动火焰前方的未燃气体向前传播。

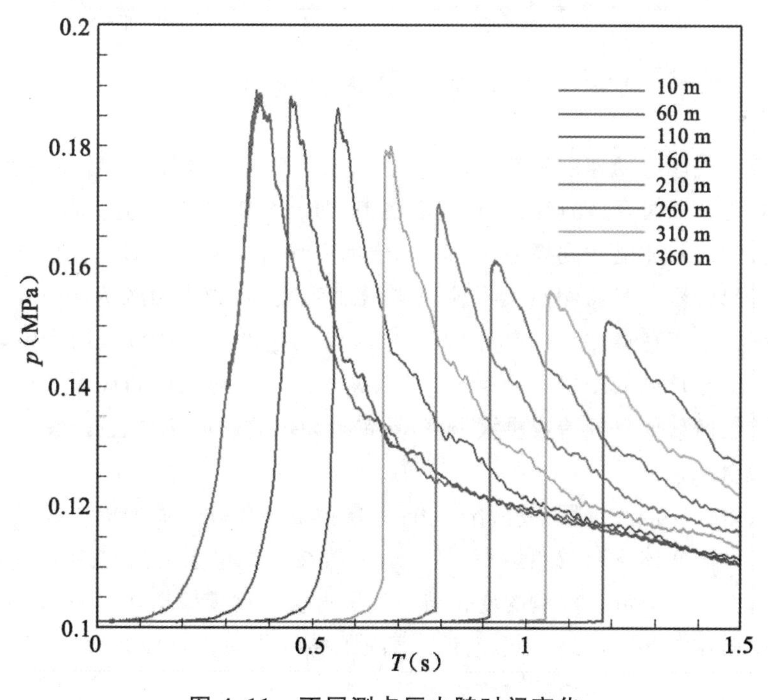

图 4.11　不同测点压力随时间变化

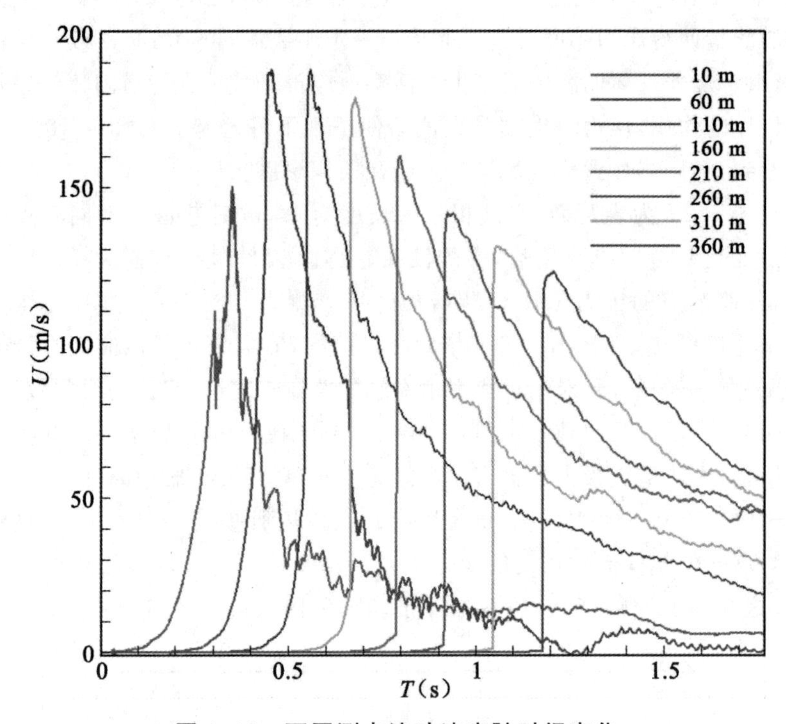

图 4.12　不同测点流动速度随时间变化

巷道内气体流动速度逐渐增加，与各点压力变化规律相似，当监测点靠近巷道左端时，流动速度增长速度缓慢，即上升速率较小，这意味着需要更长的时间才能达到峰值，然而，对于远离巷道左端的监测点，到达峰值的时间较短。各监测点最大流速先增加后减小，最大值约为 190 m/s，出现在距离巷道左端 60 m 左右。最大流动速度出现的位置约为甲烷/空气填充长度的四倍。190 m/s 的高速气流足以对人体和周围的设备，以及任何其他目标造成重大损害，导致继冲击波超压伤害之后又一次严重的损害。

爆炸冲击波过后，波后压力升高，气体发生流动进而形成高速气流。随着可燃气体不断被燃烧掉，最大压力值在达到最大之后也逐渐降低，巷道内最大气流速度值的变化与最大压力值变化规律类似。图 4.13 为瓦斯爆炸后巷道内最大气流速度值随距离变化规律及曲线拟合。流动速度迅速达到最大值随后逐渐衰减。由气流速度与距离之间的变化趋势，可以拟合二者的关系式为：

$$V=0.0001x^3-0.0259x^2+1.291x+170.63 \tag{4.1}$$

其判定系数为 $R^2=0.91$，拟合关系的精度合乎要求，可以反映出爆炸气流的传播速度随爆炸波传播距离的增加先增加后降低的过程。

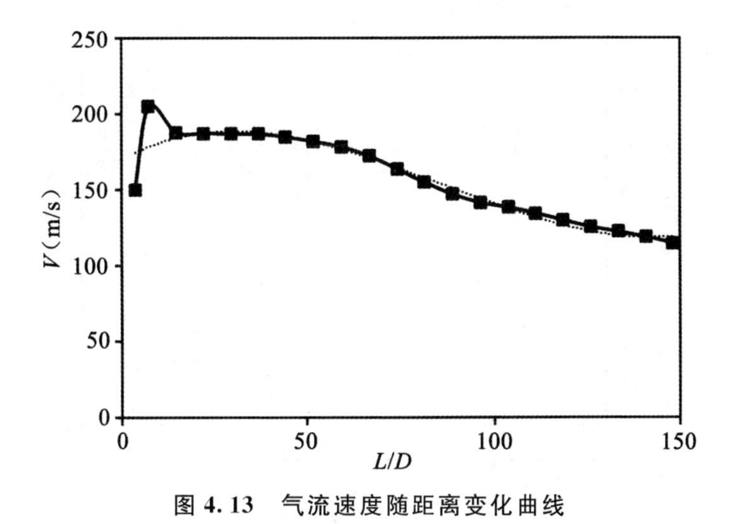

图 4.13　气流速度随距离变化曲线

图 4.14 为瓦斯积聚区长度为 14 m 时不同监测点处的温度和质量分数随时间的变化规律。图中 4 个监测点距左端的距离分别为 10 m、30 m、60 m 和 100 m。初始时刻，监测点 1 的位置充满甲烷/空气预混气体，当 $t=0.31$ s 时火焰传播到此处，原来的未燃气体迅速变为燃烧产物。质量分数由原来的 1 迅速降低为 0，而温度则由原来的 300 K 上升到 2 250 K。初始时刻，监测点 2、3 和 4 的位置处为空气，可燃气体质量分数为 0。但是从图 4.14 可以看出，监测点处的质量分数都经历了先增加后降低的过程，这与实验结果相符。点火之后，甲烷/空气预混气体发生化学反应生成的高温燃烧产物不断膨胀，促使火焰前方的气体向右端流动。原来聚积在左端的可燃气体向右端扩散，使得火焰区域的长度远远大于初始时刻可燃气体聚集区的长度。当 $t=0.4$ s 时，监测点 2 处的质量分数由 0 增加到 1，并保持一段时间，当火焰传播到此处时降低为 0。监测点 3 处的变化规律与监测点 2 处的变化规律相同，但是监测点 4 处的质量分数变化规律明显不同。预混的可燃气体向右流动过程中，不断与空气混合，使得质量分数逐渐降低。当 $t=1.46$ s 时，监测点 4 处的质量分数值开始上升，但是其最大值为 0.4，小于常温常压下甲

烷/空气预混气体的爆炸下限。化学反应将不能进行，从而火焰不能继续向右传播。

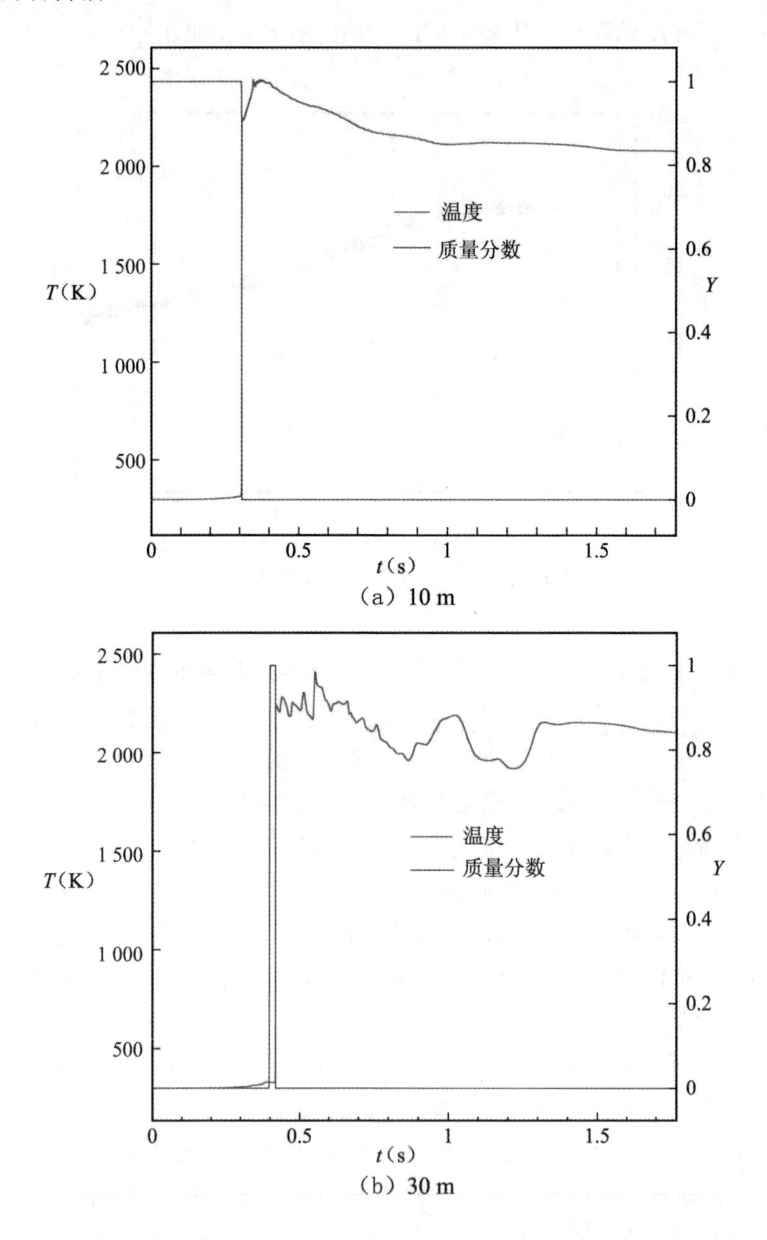

（a）10 m

（b）30 m

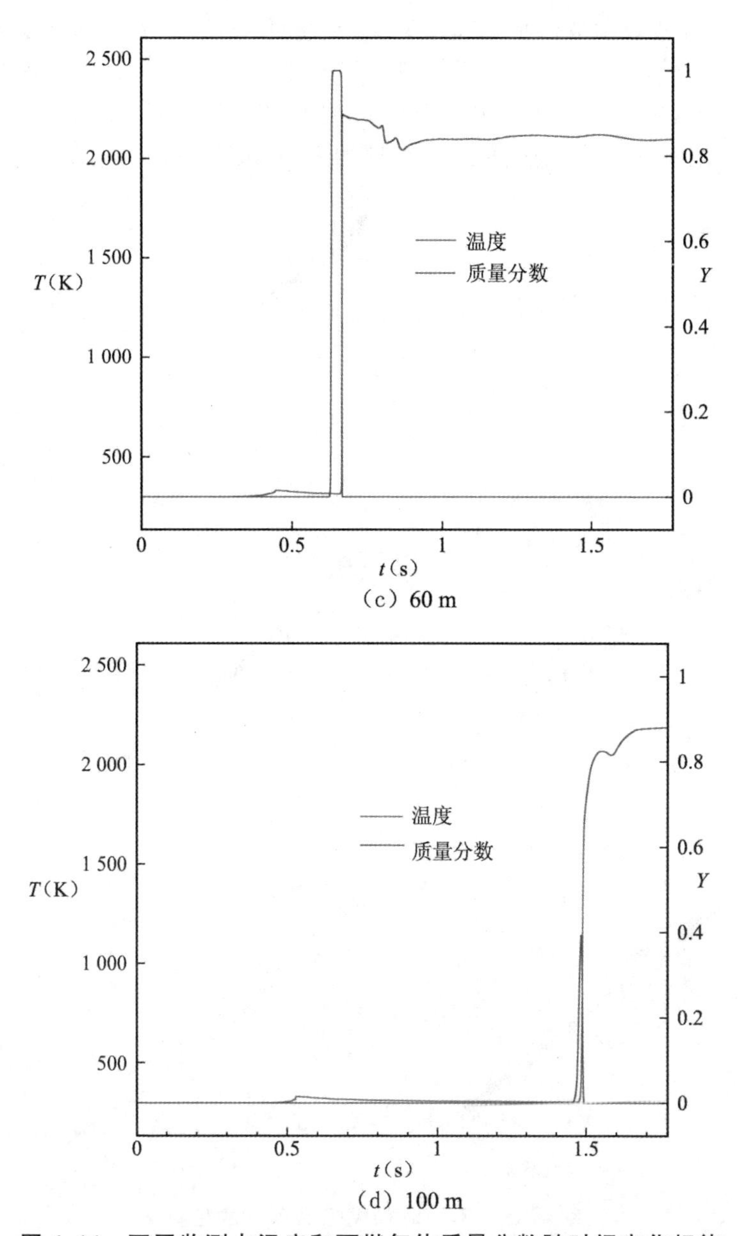

（c）60 m

（d）100 m

图 4.14　不同监测点温度和可燃气体质量分数随时间变化规律

图 4.15 为瓦斯积聚区长度为 14 m 时不同时刻火焰面形状的分布，这里火焰面取值为 1 500 K 的温度等值面。点火之后火焰面朝巷道右端传播，火焰面后方的燃烧产物充满巷道，当火焰面超过瓦斯积聚区长度位

置时,火焰面逐渐被拉伸,在 $x=14$ m 处开始[图 4.15(b)],火焰面由于被拉伸而横截面变细,逐渐远离巷道壁面,随后出现各种尺度的涡结构[图 4.15(c)~(d)]。火焰面顶端也出现湍流结构,如图 4.15(c)~(e)所示。最终火焰面顶端到达的位置远远大于瓦斯积聚区长度,这与实验结果相符。

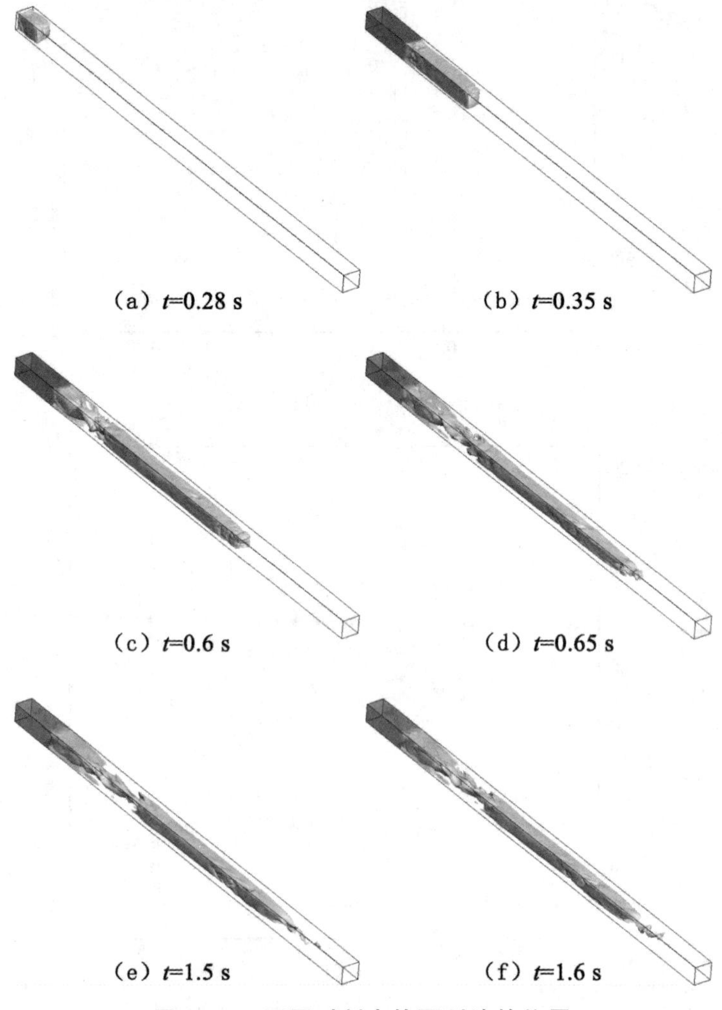

(a) t=0.28 s　(b) t=0.35 s

(c) t=0.6 s　(d) t=0.65 s

(e) t=1.5 s　(f) t=1.6 s

图 4.15　不同时刻火焰面到达的位置

瓦斯爆炸火焰区域长度大于原始瓦斯积聚区长度这一特性对调查研究瓦斯爆炸事故非常重要。通常在事故勘察工作中,通过研究爆炸现场的有毒气体的浓度、遇难人员医疗诊断是否属于烧伤以及火焰损伤特征参数可以推算出瓦斯区长度,从而推算爆炸过程中爆炸的瓦斯的量。

通过数值模拟研究发现，这种推算存在很大误差，其推算出的瓦斯量远远大于实际参与爆炸的瓦斯量。比较三种工况下火焰区域长度和预混气体积聚区长度可以发现，其比值为5～7。

表4.2　火焰区域长度与瓦斯积聚区的关系

	可燃气体聚集区长度 L_0	火焰区长度 L_1		模拟结果 L_1/L_0
		实验结果	模拟结果	
a	7 m	40 m	50 m	7.1
b	14 m	70 m	100 m	7.1
c	28 m	116 m	160 m	5.7

爆炸冲击波经过某位置后，很可能把附近区域的煤尘扬起并形成粉尘云，而由于高温气流滞后于前导冲击波，此时悬浮于空中的粉尘云受到高温作用很可能发生点火，并发生爆炸，造成更严重的危害。因此，研究不同位置的峰值超压与高温气流到达的时间以及二者时间间隔的分布规律，有助于深入理解该区域产生煤尘二次爆炸的可能性和揭示引发二次灾害的根源。

图4.16为当瓦斯积聚长度为14 m时，距离巷道左端不同位置处温度和超压随时间的变化。图中 Δt 为峰值温度和峰值超压到达的时间间隔。图4.16(a)的位置为距离巷道左端10 m，此时火焰面先到达此处，然后超压才上升到最大值。这是因为初始时刻燃烧为等压燃烧，压力上升较慢，同时巷道左端为封闭端，压力波在巷道左端不断发生反射，火焰面到达10 m处后，此处的压力才逐渐上升到最大值。20 m处的压力峰值和温度峰值到达的时间基本一致，因为未燃的瓦斯气体随气体流动使得火焰区域的长度大于初始瓦斯积聚区的长度。可燃气体燃烧时不断产生压力波，压力波的压力不断升高，此时，最大压力出现在火焰面附近。随着瓦斯气体不断消耗，燃烧速率下降，而且前导冲击波的速度大于火焰面的速度，冲击波在前，火焰面在后。由图4.16可以看出，随着远离点火端，冲击波和高温面到达的时间间隔逐渐增大。而且，此时该位置处的峰值温度较高，且温度衰减相对缓慢，这种情况为巷道内发生煤尘二次爆炸提供了条件。图4.16(f)为距巷道左端100 m处温度和压力变化规律，此处的温度曲线表现出震荡现象，表明火焰传播到此处时，

由于未燃气体的浓度分布不均匀，而且已经降低到不足以支持火焰持续传播，验证了图 4.15(e)和图 4.15(f)中火焰面回传的特性。火焰区外虽然没有了化学反应，但是热量伴随着高速气流向巷道出口方向流出，且温度需较长时间才能衰减至常温。冲击波经过某位置后，该位置的煤尘被扬起，当高温气流温度超过煤尘的最低点火温度时，仍然会引发煤尘二次爆炸。

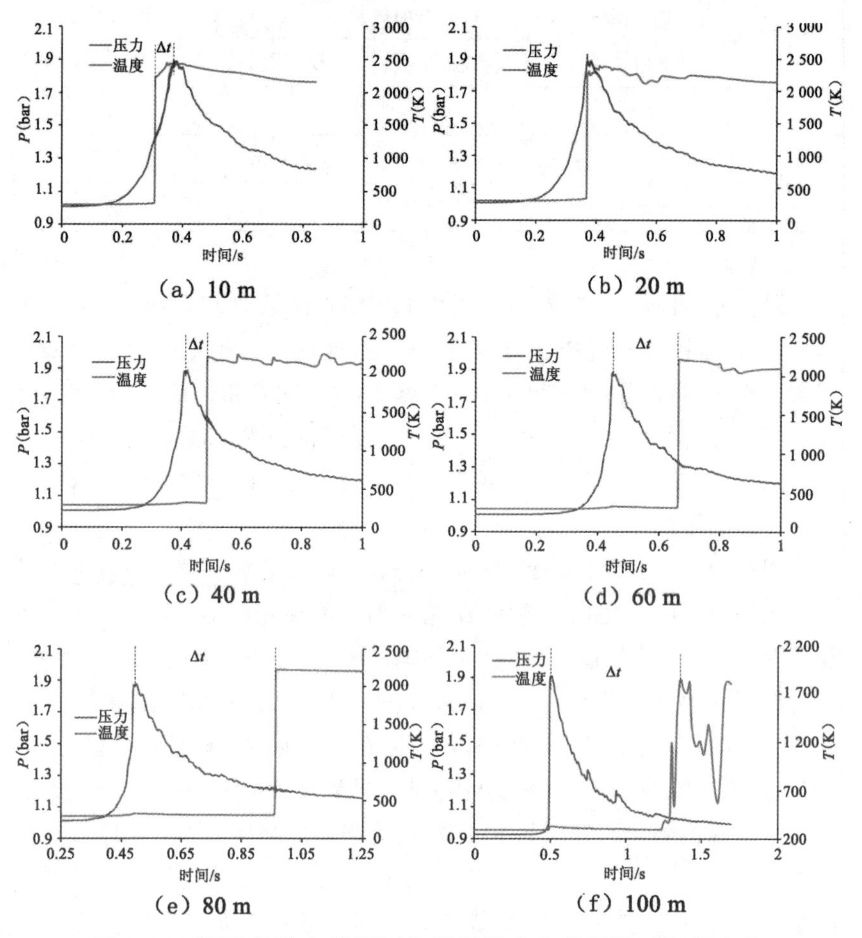

图 4.16 距离巷道左端不同位置处温度和超压随时间的变化

图 4.17 为三种工况下，两个不同位置的监测点处的流动速度随时间的变化规律，两个监测点距离左端的距离分别为 6 m 和 60 m，即一个在可燃气体聚集区内，另一个在瓦斯聚集区外。图 4.17(a)显示出，在瓦斯聚积区内，监测点流动速度的变化趋势大体相同。在 $t=0.26$ s 之前，三条曲线几乎重合，然后流动速度突然下降，这是因为火焰面在此时经过该

点，因为燃烧波为膨胀波，火焰面后方的燃烧产物向后传播导致了监测点处流动速度出现下降。随着流动速度逐渐增加到最大值然后逐渐降低。

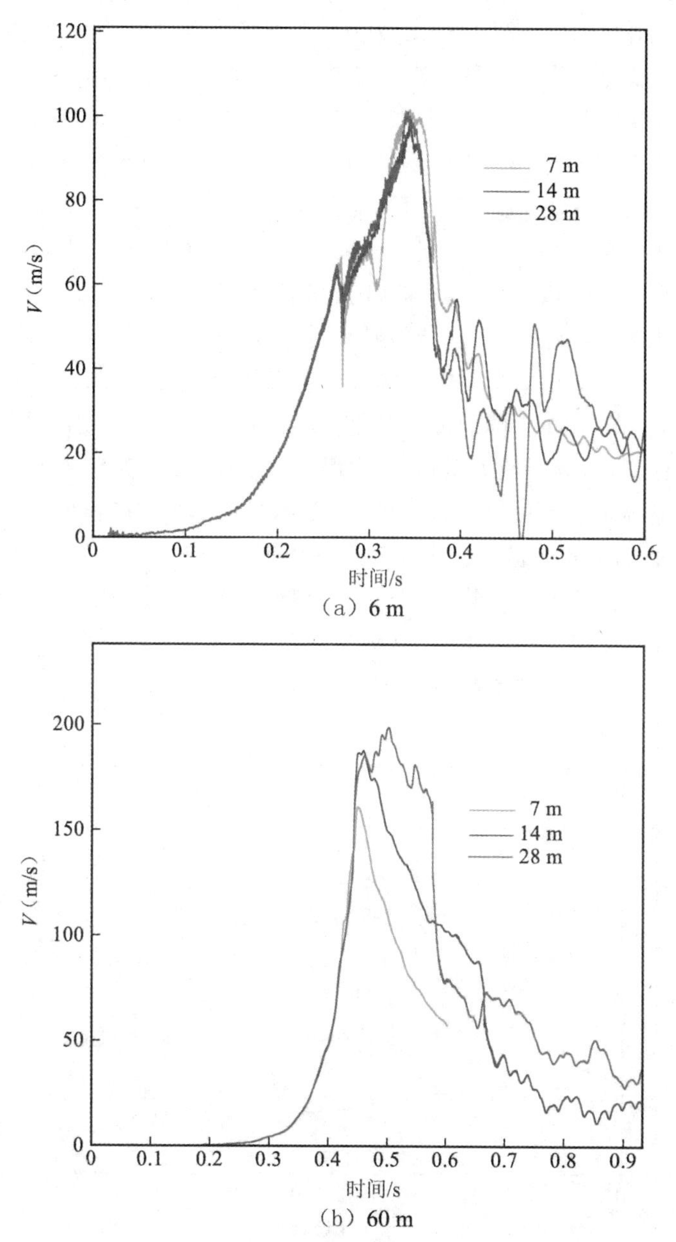

图 4.17　不同瓦斯积聚区长度下，不同监测点处流动速度随时间变化规律

从图 4.17(a)可以看出，三种工况下瓦斯积聚区内监测点的最大流动速度值相差不大，即在瓦斯聚积区内，三种工况的相同位置的流动速度随时间变化规律相近。图 4.17(b)为三种工况下，瓦斯聚积区外监测点的流动速度的变化规律。监测点处的流动速度随时间变化逐渐达到最大值。当瓦斯聚积区长度为 7 m 时，流动速度达到最大值的时间均为 0.42 s，最大值为 160 m/s，小于聚积区长度为 14 m 时的 188m/s 和 28 m 时的 200 m/s，随后流动速度迅速下降，而瓦斯积聚区长度为 14 m 和 28 m 时下降较慢。值得注意的是，当瓦斯聚积区长度为 28 m 时，流动速度在下降之前保持了一段时间的高速流动，其值大于 160 m/s。其原因是随着瓦斯聚积区长度增加，火焰传播时间增加，促进了火焰前方气体的流动。

最大超压峰值与参与爆炸的气体量密切相关。图 4.18 为瓦斯填充长度不同时最大压力随距离的变化。随着瓦斯积聚区长度的增加，压力峰值整体增加，爆炸威力增强，大大增加了损坏能力，由此可能造成更严重的设备损坏和人员伤亡。当瓦斯积聚区长度为 28 m 时，最大超压值大于 3 个大气压，这个值足以威胁人类的生命。即使在距离左端 400 m 处，最大超压值仍然大于 2 个大气压，而当积聚长度为 7 m 时，在靠近巷道左端的最大超压值为 0.08 MPa，在隧道的右端，压力值约为 0.032 MPa，这仍可能会给人体带来轻微的伤害。

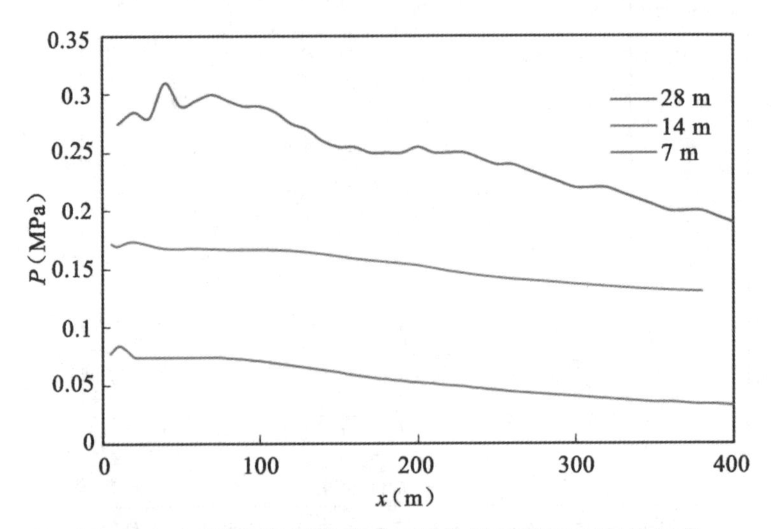

图 4.18　不同瓦斯积聚长度下爆炸超压随距离变化规律

4.4 障碍物对可燃气体爆炸的影响

火焰在复杂区域内传播时经常遇到障碍物，障碍物对流场以及火焰面产生扰动作用，压力波在障碍物之间的反射和衍射作用也会对火焰传播产生影响。障碍物个数是影响火焰加速的重要因素，本节主要研究在横截面为 80 mm×80 mm，长为 24 m 的管道内障碍物个数对火焰加速及爆燃转爆轰的影响。计算区域为 80 mm×80 mm×24 m，网格大小为 0.02 m，内部充满预混的氢气/空气，在距点火端 0.5 m 处开始布置障碍物，障碍物个数分别为 3、6 和 9，障碍物间距为 125 mm，阻塞比为 0.6。数值模拟方法为 LES 方法，结合亚格子湍动能方程和增厚火焰面模型，采用五阶 WENO 格式离散方程组的对流项，六阶中心差分格式离散扩散项，而时间方向采用三阶 TVD Runge-Kutta 方法。

图 4.19 为管道内设置不同障碍物时的火焰传播过程，当管道内没有障碍物时，火焰速度加速到最大之后缓慢降低，最终消失在管道某个位置。当存在障碍物时，火焰速度经历加速期后最终都转变为了爆轰波，但是转变距离随障碍物个数的不同而变化。由图 4.19 可以看出，转变距离随障碍物个数的增加先减小后增加。当障碍物个数为 3 时，火焰穿过障碍物后速度增加较平缓，在长径比接近 250 时火焰速度才突然增加，发生爆燃转爆轰。当障碍物个数为 6 时，火焰速度迅速增加，在长径比为 60 处出现短暂的平缓期，随后突然增加并在长径比为 100 处发生爆燃转爆轰。爆燃转爆轰距离比障碍物为 3 时的值减小一半还要多。而当障碍物个数为 9 时，火焰速度持续增加，平缓期不明显，而且没有出现明显的突跃，直到在长径比为 130 处才实现爆燃转爆轰。由此可知，6 个障碍物是促进火焰加速及爆燃转爆轰的最佳条件。这也揭示了管道内障碍个数并不是越多就越能促进火焰传播，相反会抑制爆轰波的转变。

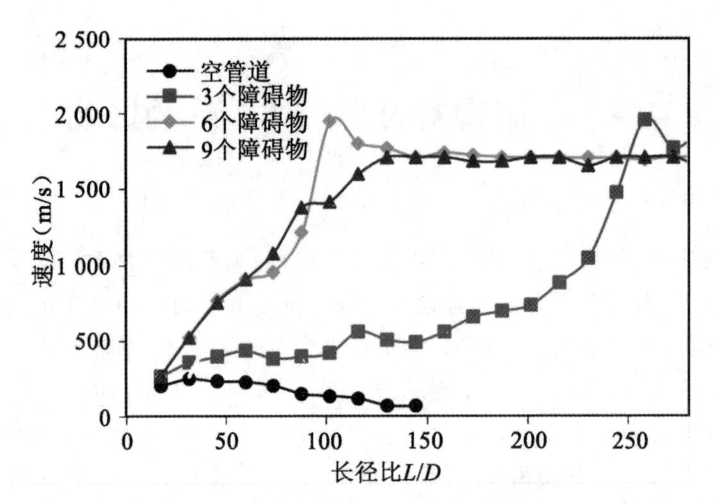

图 4.19　障碍物个数对管道内火焰加速及爆燃转爆轰的影响

图 4.20 为管道内设置不同障碍物时 3 个不同时刻火焰面位置随时间变化。当 $t=15.0$ ms 时,可以看到火焰面逐渐膨胀。管道内无障碍物时,火焰面膨胀较慢,而存在障碍物时,由于障碍物的作用火焰面呈射流状穿越障碍物,火焰面顶端位置与无障碍物情况相比明显远离点火端。从图 4.20(a)可以看出,火焰面穿越第一个障碍物时的形状不受障碍物个数的影响。图 4.20(b)显示了 $t=22.5$ ms 时不同工况下的火焰面形状。此时火焰面已穿越了第三个障碍物,火焰面位置远大于无障碍物的距离。从图中可以发现当障碍物个数为 3 时,火焰面穿越障碍物后仍然保持射流状,火焰面顶端较突出。而障碍物个数为 6 个和 9 个时,火焰面明显成蘑菇形状,且形状相似。在管道中设置障碍物可以增加对流场的扰动,促使流动变成湍流,增加火焰面面积,提高单位体积燃烧速率,进而增大火焰的传播速度。

当 $t=30.0$ ms 时,由图 4.20(c)可以看到,在设置有 9 个障碍物的管道内,火焰面已到达第 9 个障碍物,但是此时火焰面位置距离左端的长度略小于设置有 6 个障碍物的火焰面位置,由此得出障碍物已不是导致火焰加速的主要机制。火焰穿过障碍物时,火焰面由湍流火焰变得相对光滑,如图 4.20(c)中 3 个和 6 个障碍物的温度云图。

由图 4.21 可以看出,压力波在火焰前方已经形成冲击波,冲击波峰值压力接近 9 bar,对火焰前方的未燃气体不断进行压缩,同时使得未燃气体温度升高，从而化学反应速率增加，火焰加速传播。综上所述，火焰在障碍物群之间传播时，障碍物诱导的湍流机制加速了火焰传播，穿过障碍物之后，冲击波与火焰的相互作用是促进火焰传播的主要机制。

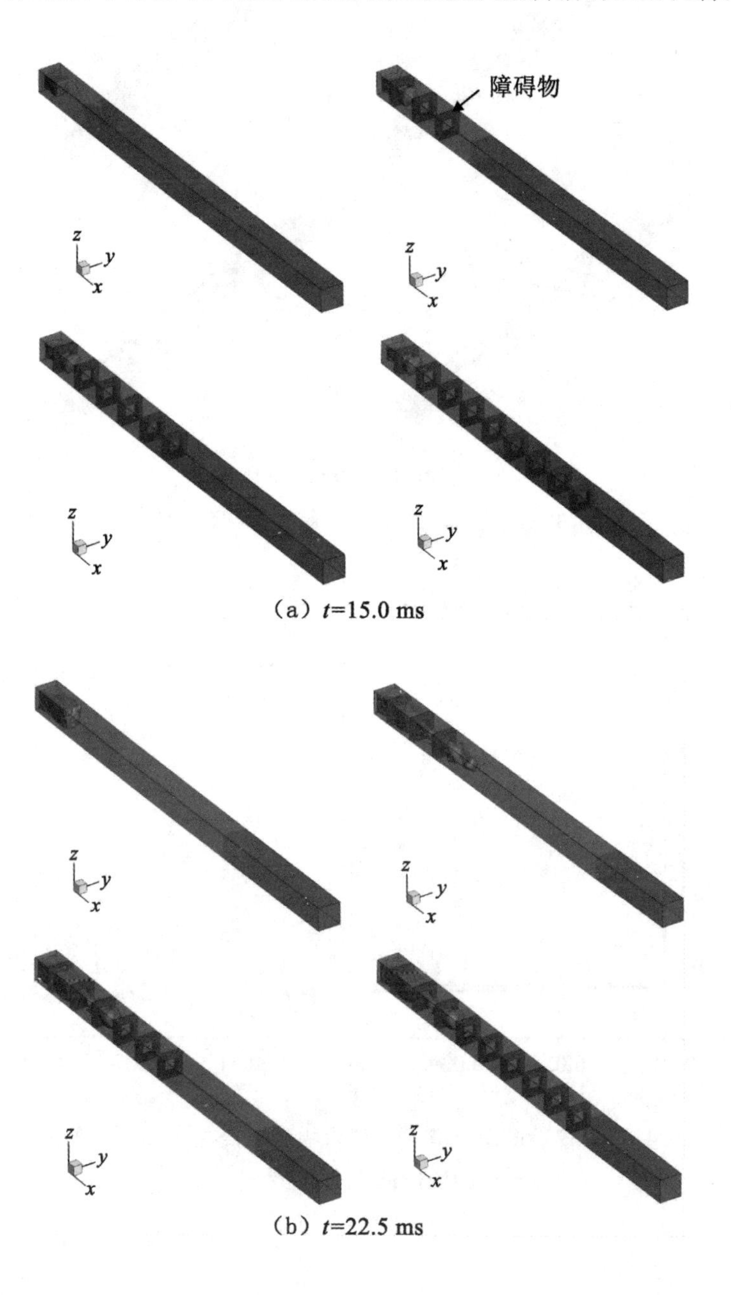

（a）t=15.0 ms

（b）t=22.5 ms

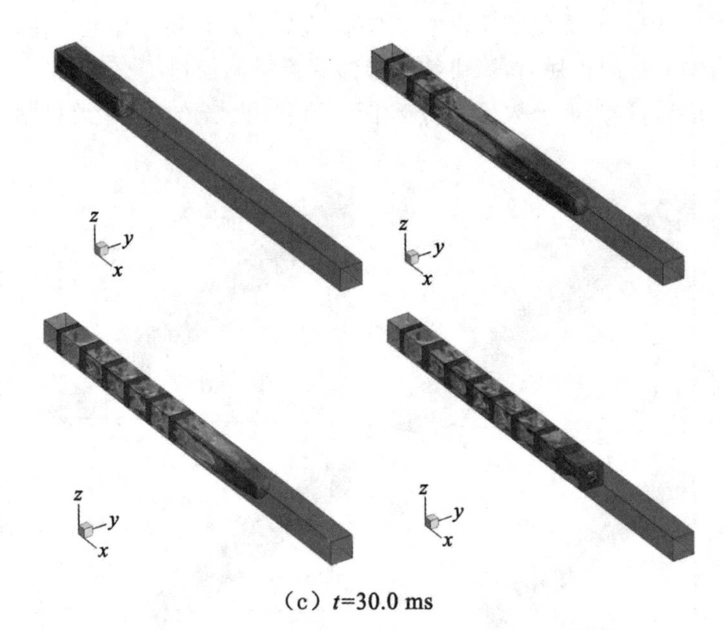

（c）t=30.0 ms

图 4.20　管道内设置不同障碍物时火焰传播过程

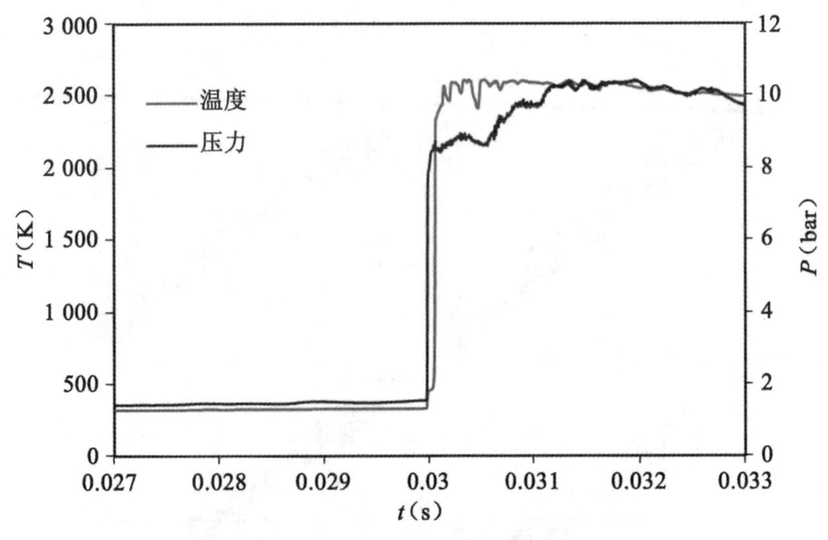

图 4.21　管道内设置有 6 个障碍物时距离左端 2.5 m 处的温度和压力随时间变化趋势

4.5　无约束空间内可燃气体爆炸

在石油化工、塑料、橡胶合成及天然气等行业中，以及可燃气体在储运过程中，可燃气体一旦发生泄漏就会与周围的空气发生混合，并形成可燃气云，如果遇到明火或高温物体，就会发生燃爆事故。可燃气云爆炸影响范围大，破坏性强，如果遇到障碍物或发生在拥塞的区域内，更能造成巨大的人员伤亡和财产损失。调查显示，近年来事故发生的频度和致灾程度都有增加的趋势。因此，研究气云爆炸现象、火焰传播规律具有重要的社会和经济意义。无约束空间中可燃气体爆炸一直是人们关注的课题之一，本节主要研究了无约束空间中预混可燃气云的火焰加速过程。

首先利用二维数值模拟方法模拟了 1.5 m×1.5 m 区域内甲烷/空气预混气体的燃烧过程。气体浓度为化学当量比，初始温度、压力和速度分别为 298 K、1 atm 和 0 m/s。点火方式通过在区域中心设置温度为 2 000 K 的圆形高温区域实现弱点火。数值模拟方法为大涡模拟，湍流模型采用一方程模型，化学反应采用单步化学反应，并结合了增厚火焰面方法，采用 5 阶 WENO 格式离散空间对流项，以及 6 阶中心差分格式离散空间扩散项，网格大小为 0.005 m。

图 4.22 为火焰形状随时间的变化规律。从图中可以看出，初始时刻火焰面为圆形，随着时间发展，由于 LD 不稳定的影响，火焰面在膨胀过程中出现褶皱，火焰面出现分形结构。这种分形结构不断发展，即火焰面上小的凸起和凹陷不断在大的凸起上产生和发展，而且火焰面形成自相似机制。火焰面上这些结构包含了多个尺度，从水动力长度尺度到流场中的最小尺度即 Kolmogorov 尺度，这些尺度主要由马克斯坦(Markstein)长度和火焰面厚度决定[182]。

关于层流预混火焰稳定性的研究，理论和实验研究已经非常多[183]，影响层流预混火焰稳定性的因素主要包括体积力因素、热-质扩散和流体力学等方面。体积力因素主要是指在重力及其诱发的浮力作用下造成的火焰不稳定现象。由于气体的燃烧产物密度低，故在燃烧速度很低的情况下浮力会导致燃烧产物向上漂浮的现象。热-质扩散因素是指由于火焰面附近的热传导与质量输运不均匀而引起的火焰面结构变化的现象。一般用 Lewis 数表示热传导与质量输运之间的相互关系[184]，其定义为：

$$Le = Sc/Pr = \rho D C_p/\lambda \tag{4.2}$$

其中，Sc 为施密特数；Pr 为普朗特数；D 为扩散系数；λ 为导热系数。

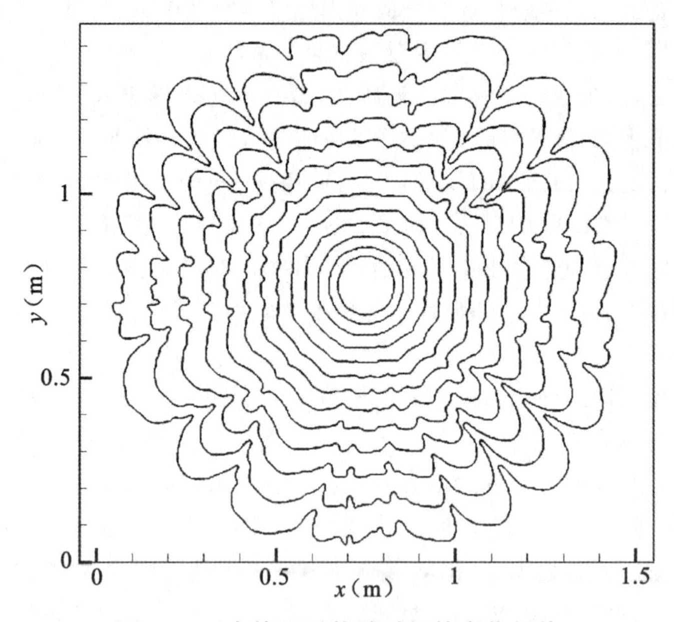

图 4.22　火焰面形状随时间的变化规律

火焰传播速度是指火焰面相对于点火源的移动速度，如果未燃气体处于静止状态时，火焰传播速度就是火焰面相对于未燃气体的移动速度。当火焰为球形扩展火焰时，其向外传播时会受到曲率的影响而被拉伸。因此文中计算得到的火焰传播速度是指以点火区域中心为参考点的球形传播火焰面的膨胀速度。球形外扩拉伸火焰传播速度 V 可以表示为[185]：

$$V = \frac{\mathrm{d}R}{\mathrm{d}t} \tag{4.3}$$

火焰在向外膨胀过程中受到曲面拉伸效果的影响，为此引入火焰拉伸率的概念：

$$\alpha = \frac{\mathrm{d}(\ln A)}{\mathrm{d}t} = \frac{1}{A} \cdot \frac{\mathrm{d}A}{\mathrm{d}t} \tag{4.4}$$

由球形火焰面面积计算公式可得火焰拉伸率为：

$$\alpha=\frac{1}{A}\cdot\frac{\mathrm{d}A}{\mathrm{d}t}=\frac{2}{R}\cdot\frac{\mathrm{d}R}{\mathrm{d}t}=\frac{2}{R}\cdot V \tag{4.5}$$

图 4.23 为火焰面半径随时间的变化趋势图，由图可知火焰面半径随时间逐渐增加，图中红色的虚线为拟合函数 $R=0.021t^{3/2}$。实验中发现火焰面半径的变化为时间的指数函数，即 $R=At^{\eta}$[186]，其中，系数 A 依赖于火焰参数，而 η 由实验测得为 $\eta\sim3/2$。由数值模拟结果得到的 R 值计算 $R/t^{3/2}$，并画出其随时间变化曲线，发现随着时间增大，$R/t^{3/2}$ 趋向于定值 0.021，如图 4.24 所示。

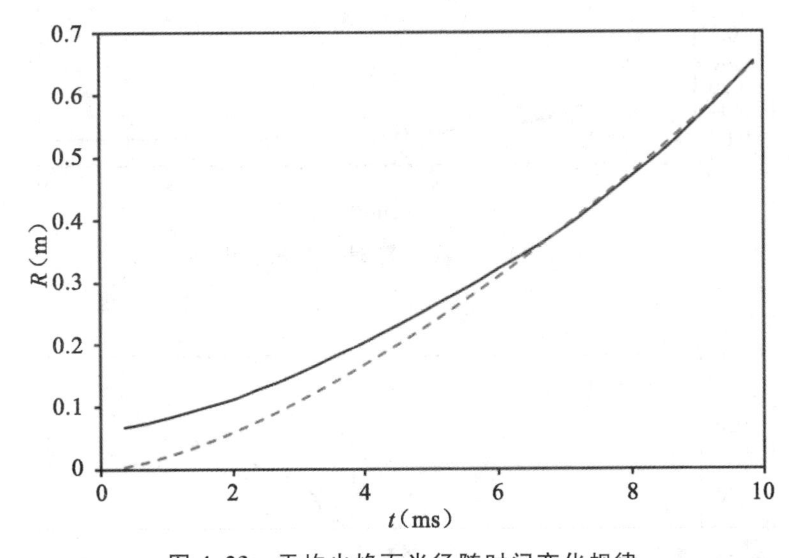

图 4.23　平均火焰面半径随时间变化规律

图 4.25 显示了火焰传播速度随火焰面位置的变化趋势，虚线为拟合曲线 $V=156R^{0.754}$。随着火焰远离点火点，火焰传播速度逐渐增加。根据数值模拟结果拟合出的曲线发现传播速度为传播距离的幂函数，这与理论结果一致。图 4.26 显示了火焰拉伸率随传播距离的变化趋势，随着火焰的传播火焰拉伸率先增大后减小，并有逐渐趋向一个稳定值的趋势 $\alpha=348$。

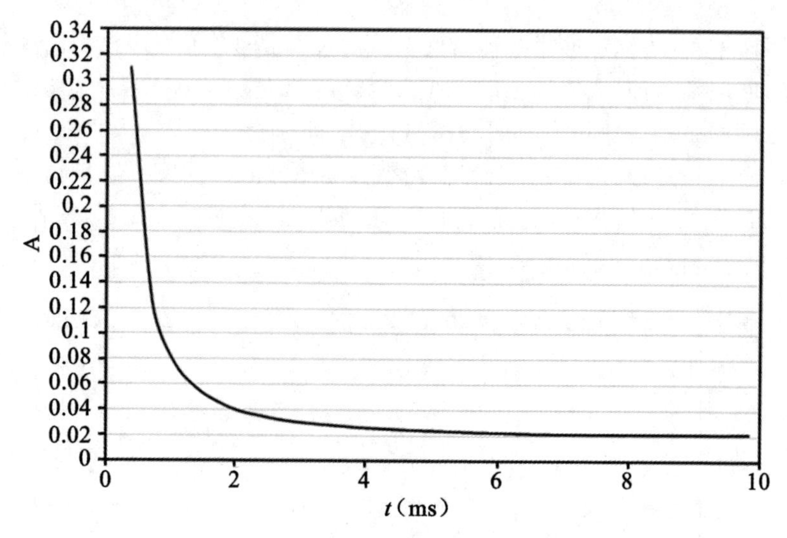

图 4.24　参数 *A* 随时间变化趋势

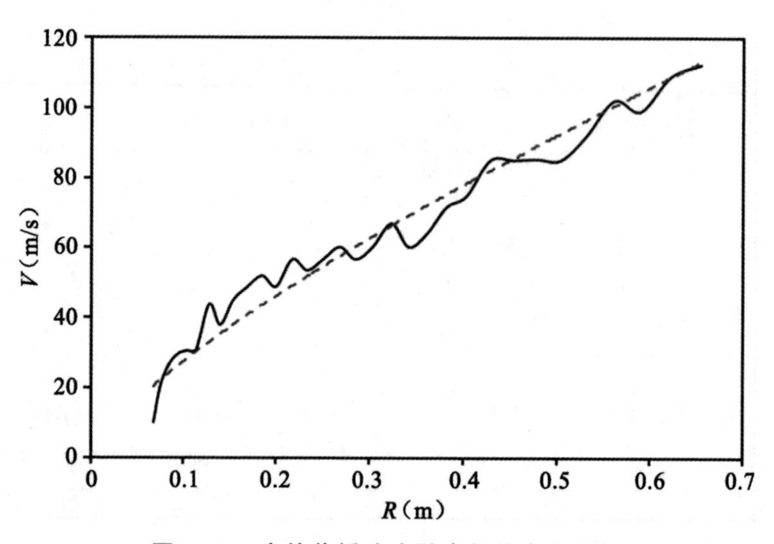

图 4.25　火焰传播速度随半径的变化趋势

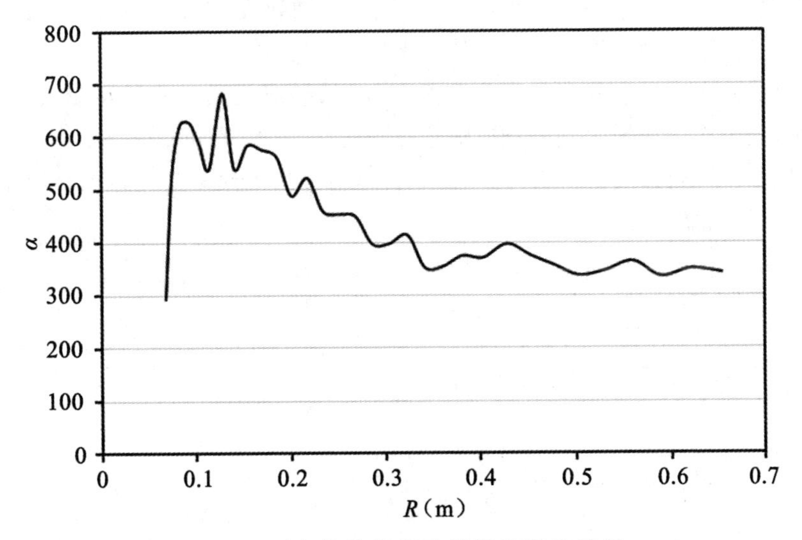

图4.26 火焰拉伸率随半径的变化趋势

4.6 本章小结

本章研究了管道宽度对火焰加速及爆燃转爆轰的影响，矿井巷道内瓦斯爆炸火焰、压力及高速气流的传播规律，以及无约束空间内火焰加速过程，主要结论如下：

(1)在毫米量级管道内，火焰迅速加速并很快转变为爆轰，因为管道宽度小于可燃气体的爆轰胞格尺寸，爆轰波传播过程中没有出现明显的胞格结构，且爆轰波波速小于CJ爆速。随着管道宽度增加，爆燃转爆轰距离增加，火焰加速到爆轰经历的三个阶段越明显，爆轰波速度越接近CJ爆速，且由于横波的相互碰撞使得爆轰波在传播过程中三波点的轨迹形成胞格结构。

(2)矿井瓦斯爆炸造成严重的破坏主要是由高速气流以及高温、高压燃烧产物导致的。瓦斯爆炸的危害距离远远大于瓦斯积聚区长度，当积聚区长度为14 m时，距离点火点360 m处的爆炸超压仍然超过0.5个大气压，气体流动速度超过100 m/s，足以导致人体损伤。随着瓦斯积聚区长度增加，最大爆炸超压值、气体流动速度和火焰传播距离都增加，且火焰区域长度与预混气体积聚区长度之比为5～7。

（3）无约束空间内火焰传播很难实现爆燃转爆轰。火焰在膨胀过程中，火焰面由初始时刻的相对光滑逐渐变得褶皱，且火焰面平均半径为时间的幂函数；通过拟合发现，火焰传播速度与平均半径成幂函数关系，即 $V=156R^{0.754}$。

第5章　管道内火焰加速及爆燃转爆轰数值模拟的实验验证

5.1 引　言

关于管道内可燃气体爆炸火焰传播及爆燃转爆轰过程，国内外学者已经开展了大量的实验研究。实验研究[144,187-191]的结果为爆炸事故的防控与治理以及数值模拟中模型的验证提供了基础数据和理论依据。以前的实验研究主要关注爆炸过程中宏观动力学参数，例如爆燃超压、压力上升速率、火焰传播速度以及障碍物对爆炸的影响。对于大尺度区域内（特别是大尺度管道内）火焰加速及爆燃转爆轰整个过程的细节结构的研究还很少。小尺度管道内，火焰加速一段距离后也可能转变为爆轰波[74,192-194]，与大尺度管道相比，小尺度管道内边界层对火焰传播的影响更加明显，因为其厚度与管道宽度的比值较大，所以小尺度管道内火焰加速机理和爆燃转爆轰机理仍需进一步深入研究。另一方面，数值模拟方法有诸多优点，首先，数值模拟节省了大量的时间和成本，可以快速获得结果，而不必设计和搭建实验平台。其次，数值模拟研究问题的尺度可以自由调节，既能对微介观尺度的工况进行模拟，又能对实际现场进行模拟，对于现实中爆炸事故的调查研究来说这个优势非常重要，因为开展爆炸的实际实验非常困难和危险。而且由于实验设备和实验手段的限制，实验不能直接揭示爆炸过程中的机理，例如爆燃转爆轰过程的边界层的形成过程，由于边界层非常薄，现在还没有实验手段能直接观测到其内部结构。

本章针对管道内火焰加速及爆燃转爆轰问题，设计了两套实验系统，包括小尺度管道和大尺度长直管道平台，并进行了系统的实验研究。在此基础上，对实际尺寸的管道进行了数值模拟研究，数值模拟结果得到了实验验证，并进一步揭示了管道内火焰加速及爆燃转爆轰的机理，以及障碍物群中火焰加速、火焰与流动的相互作用机理。

5.2 小尺度管道内火焰加速及爆燃转爆轰

5.2.1 实验设置

小尺度管道爆炸系统如图5.1所示，包括水平爆炸管道、配气系统、点火系统、高速摄影系统以及数据采集系统等部分。水平爆炸管道由背板、微通道板、防爆玻璃以及前板连接而成，微通道板上有镂空的方形截面细长管道，如图5.2所示。水平管道截面尺寸为20 mm×20 mm，长为1.5 m。背板上有孔口，可以安置压力传感器、火花塞，以及用来输入和排出气体。管道的一个侧面为完全透明的石英玻璃，可以方便使用高速摄影系统拍摄整个管道内火焰传播的整体过程。本实验采用的触发装置为外触发方式，能够实现同时触发点火系统、高速摄影仪以及压力数据采集系统，这样既可以保证触发的安全性和精确性，又能保证压力数据与火焰传播图像采集的同步性。混合气体的配制采用分压法，并且静置一段时间以保证可预混气体的混合质量。由于气体一般储存在低压环境下，而且为了安全性考虑，本实验中的初始压力选取为负压状态。

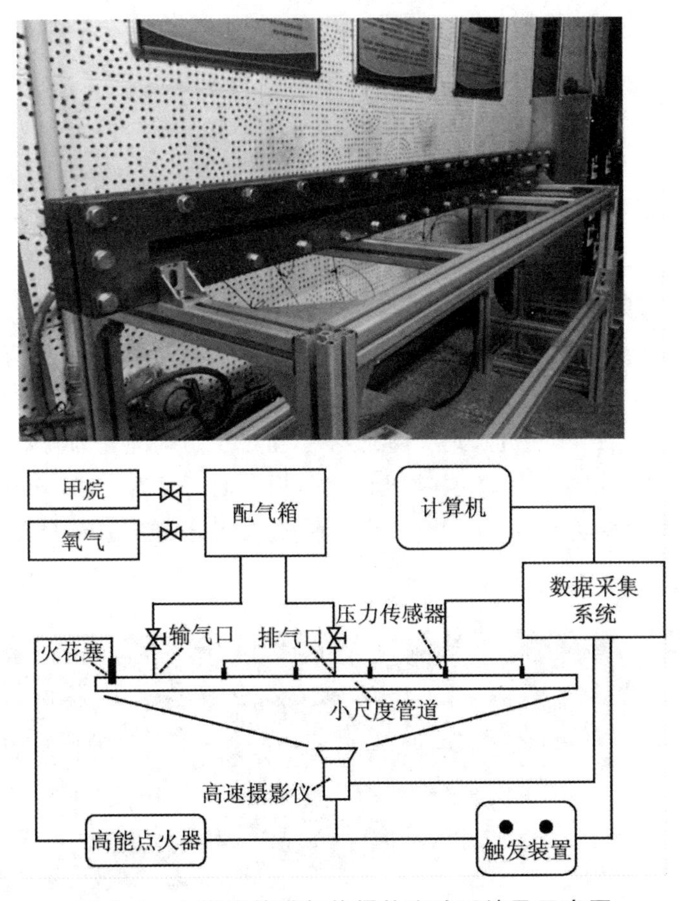

图 5.1　小尺度管道气体爆炸实验系统及示意图

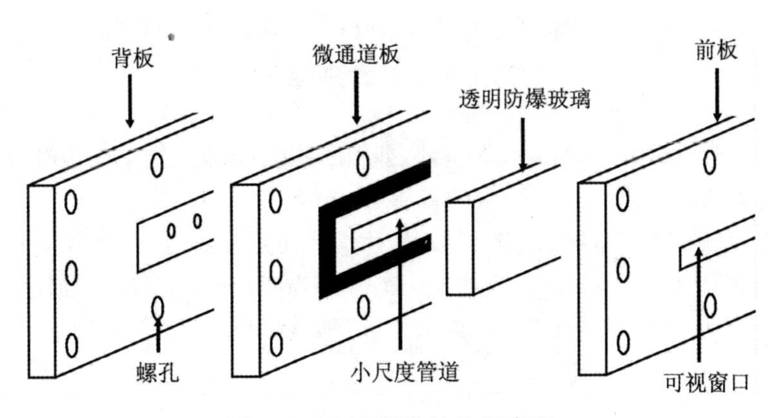

图 5.2　水平管道结构示意图

5.2.2 数值结果与实验结果的对比及讨论

图 5.3 为甲烷-氧气预混气体当量比为$\varnothing=1.0$，初始压力为 $P_0=40$ kPa 时，爆炸火焰在管道内传播及发生爆燃转爆轰的实验高速录像图。从图中可以看到，火焰传播经历了低速燃烧、爆燃转爆轰以及爆轰传播阶段。开始时刻火焰面近似于“手指形”[图 5.3(a)]，随后边界处火焰超前传播而管道中心处火焰面凹陷使得火焰面变为“郁金香形”[图 5.3(b)、(c)]，图 5.3(d)位置处火焰面又呈现前凸形状，在爆轰形成之前，图 5.3(d)位置处火焰面明显变亮，出现白色的亮光即发生局部爆炸，从而触发爆燃转爆轰，爆轰波向右传播的同时可看到明显的回爆波向管道左端传播。此后，火焰面继续传播，火焰锋面完全成为一个平面[图 5.3(f)]。

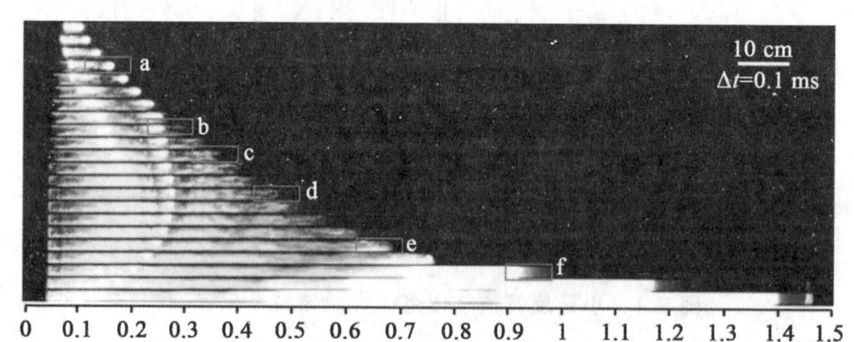

图 5.3 当量比为$\varnothing=1.0$，初始压力为 $P_0=40$ kPa 时爆炸火焰传播的实验高速录像图

当初始压力为 $P_0=20$ kPa 时，如图 5.4 所示，点火之后火焰向右传播时火焰面处的亮度减弱，当火焰到达 $L=0.75$ m 时[图 5.4(a)]，同样出现白色的亮光即发生爆燃转爆轰，回爆波向左传播与 $P_0=40$ kPa 时相比剧烈程度有所减弱。当初始压力降低为 $P_0=10$ kPa 时，如图 5.5 所示，火焰传播一段时间后亮度同样有所减弱，当火焰向右传播到 $L=1.1$ m 时，火焰面附件出现白色亮光[图 5.5(a)]，即发生爆燃转爆轰，但是没有明显的回爆波出现。

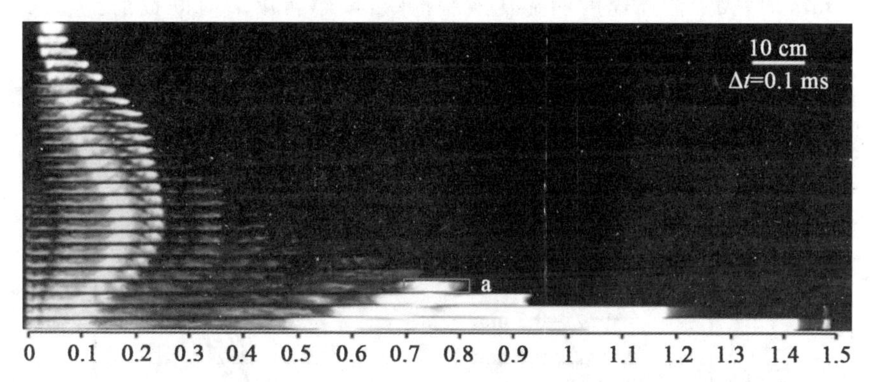

图 5.4　当量比为 $\varnothing=1.0$，初始压力为 $P_0=20$ kPa 时爆炸火焰传播的实验高速录像图

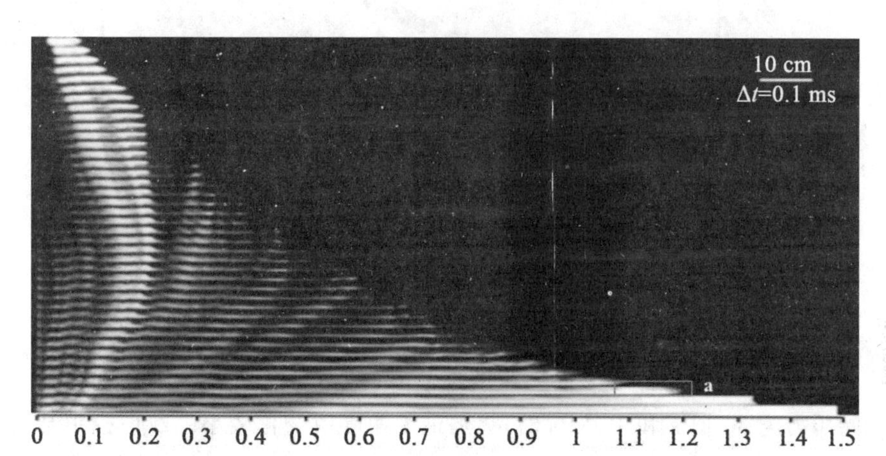

图 5.5　当量比为 $\varnothing=1.0$，初始压力为 $P_0=10$ kPa 时爆炸火焰传播的实验高速录像图

1)二维数值模拟

在数值模拟研究中，首先用二维模型对实验工况进行了模拟。计算区域为 20 mm×1.5 m，选取甲烷/氧气预混气体的浓度为当量比。计算区域的边界为无滑移反射固壁。点火区域和实验情形一致，设置在管道左端，即添加一个高温区域，内部为燃烧产物。计算区域内初始速度、温度和压力分别为 0 m/s，298 K 和 40 kPa。数值方法的有效性和收敛性通过采用不同的网格尺寸(1 mm、0.5 mm、0.2 mm 和 0.1 mm)的计算结果以实验值对比进行验证，对比结果如图 5.6 所示。当网格尺寸为

1 mm 时,火焰传播速度明显比实验值快,爆燃转爆轰时间提前。当网格加密时,数值模拟结果接近于实验结果,并表现出收敛性。当网格大小为 0.2 mm 和 0.1 mm 时,火焰顶端的位置随时间的变化基本一致,且与实验结果符合较好,这验证了数值模拟的有效性和可行性。

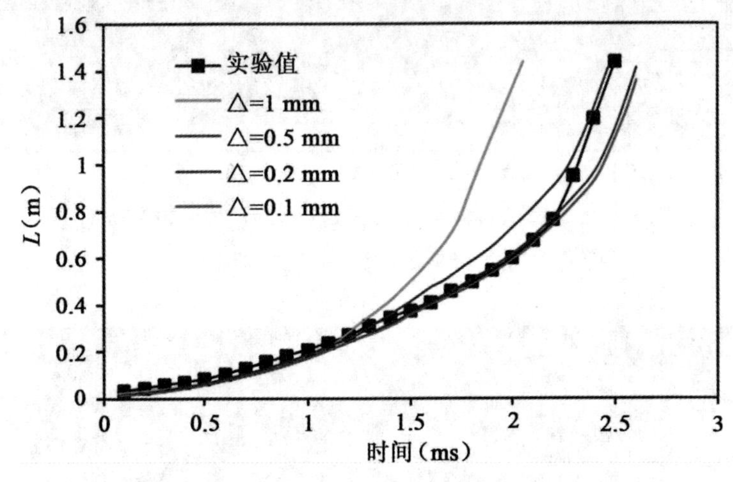

图 5.6　火焰面顶端位置随时间变化规律

针对不同初始压力条件下(40 kPa、30 kPa、20 kPa 和 10 kPa)的工况进行模拟,研究了火焰面顶端的最大速度随初始压力的变化,发现随着初始压力的升高,最大火焰速度逐渐升高,但是从实验值中发现当初始压力为 30 kPa 和 40 kPa 时,火焰最大速度值变化较小。数值模拟结果与实验结果的整体趋势相近,文中选取初始压力为 40 kPa 进行模拟研究。

数值模拟得到的火焰面顶端的速度也与实验结果进行了比较,如图 5.8 所示。网格为 1 mm 时的速度曲线与实验值总体趋势相同,都包含火焰加速和爆燃转爆轰阶段。对于实验结果,点火之后,火焰速度迅速增加,在 $x=0.1$ m 处已增加到 201 m/s。随后经历一个较长的加速期,在 $x=0.77$ m 处,火焰速度突然增加到 2 500 m/s,表明在此处发生了爆燃转爆轰。之后火焰速度进一步衰减到 2 300 m/s。对于数值模拟结果,在第一阶段火焰表面面积快速增加,火焰呈指数加速形式,结果验证了 Liberman[194] 的实验和直接数值模拟得到的结论。在第二阶段,火焰加速率降低。值得注意的是,当网格尺寸为 1 mm 时,火焰速度大于

DDT 发生之前的实验值。当网格进一步加密时，数值模拟值与实验结果相符较好，单 DDT 转变距离大于实验结果，这也验证了 Ivanov 的结论[97]，即利用二维数值模拟时，与实际中三维情形相比少了第三个维度方向的作用，火焰加速会受到一定抑制，爆燃转爆轰时间和距离会延长。在第三阶段，火焰的速度急剧增加，达到最大值之后逐渐衰减到一个稳定的值。

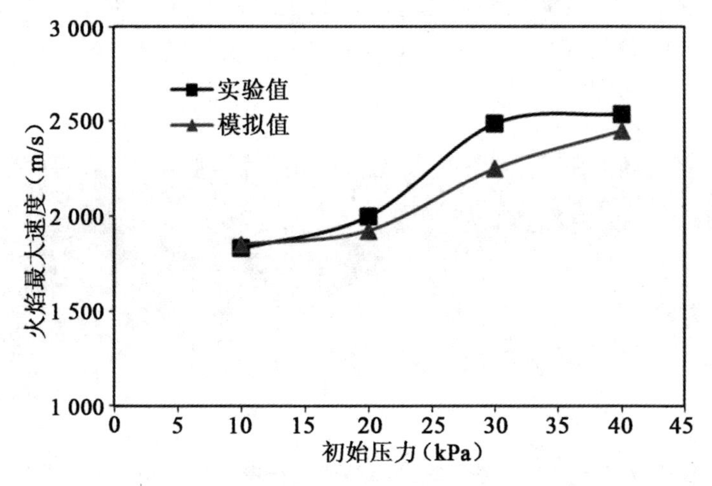

图 5.7　初始压力对最大火焰速度的影响

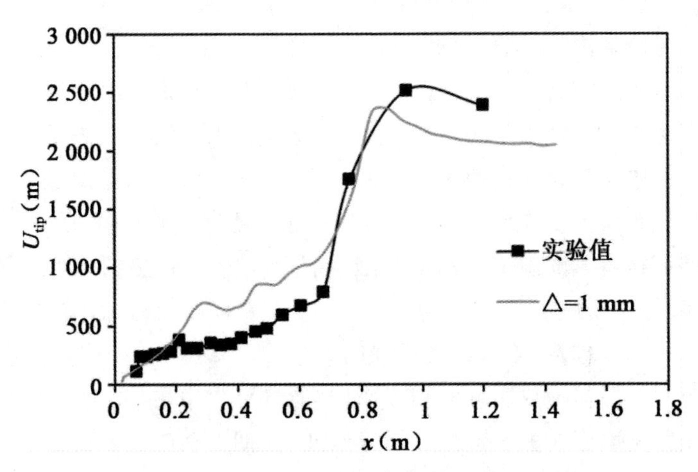

图 5.8　火焰面顶端速度随距离变化规律

图 5.9 为火焰加速和爆燃转爆轰过程数值模拟结果的温度云图。结合图 5.3 发现数值模拟结果再现了实验中观察到的火焰加速和爆燃转爆轰过程。点火之后，最初的高温区域不断膨胀并朝管道右端不断蔓延。在这个阶段，火焰面由抛物型逐渐变得褶皱。当局部爆炸发生时，火焰面附近温度突然升高，这意味着局部爆炸触发了过驱爆轰，随后火焰以爆轰波的形式传播。如图 5.9 所示，爆轰波向前播的同时回爆波朝后方传播，图中黑色虚线标出了回爆波的传播过程。与实验结果相比，数值模拟结果更能显示出火焰加速和爆燃转爆轰过程中的细节。

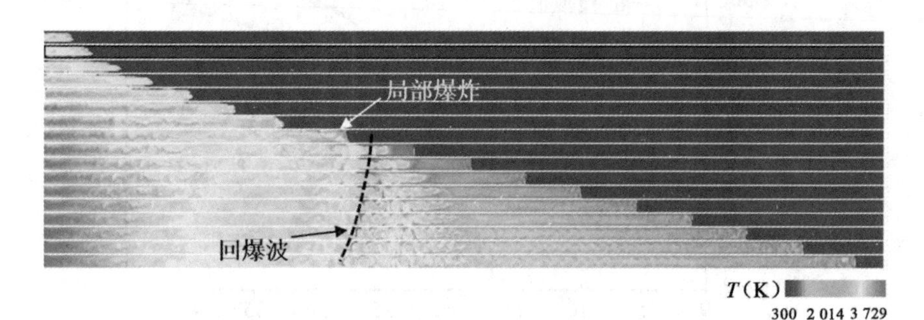

图 5.9　数值模拟得到的火焰加速过程中温度云图的变化规律

图 5.10 显示了火焰加速过程中管道中心轴线上温度和压力的变化规律。初始阶段，火焰传播速度低，压力接近于初始压力，此时可以认为是等压燃烧。随着火焰向前传播，预混的可燃气体燃烧并释放出能量使得压力逐渐升高，在 $x=0.1$ m 处出现明显的压力波。火焰不断产生的新的压力波相互叠加使得压力进一步升高，压力波前沿逐渐变陡。压力波对火焰面前方的未燃气体进行预热，使其温度逐渐升高，在 $x\sim0.3$ m 处可以看到明显的温度升高而形成的预热区域。预热的未燃气体进入火焰面，化学反应速率增加，进一步促进了火焰加速传播。此时压力波曲线整体宽度较宽，不足以形成强间断。

随着火焰与预热区域的相互作用，能量释放率增加，压力不断升高，压力波在火焰面前方叠加形成前导激波，如图 $x\sim0.5$ m 处所示。随着诱导长度的减小和与温度梯度相关的反应梯度机理的形成，预热区域逐渐缩短，燃烧速率进一步增加。火焰面传播到 0.35 m 处时，预热区域长度为 0.04 m，火焰面传播到 0.47 m 处时，火焰前方的预热区域长度缩短为 0.02 m，此时预热区域内未燃气体的温度达到 500 K。化学反应速率进一步增加，压力进一步升高，这导致更多的具有较高的密度和温度的未燃气体进入火焰，在 x～0.74 m 处，预热区域内未燃气体的温度超过 1 000 K，压力峰值超过 1.8 MPa，在预热区内出现热点点火，触发强激波与火焰面耦合形成过驱爆轰。

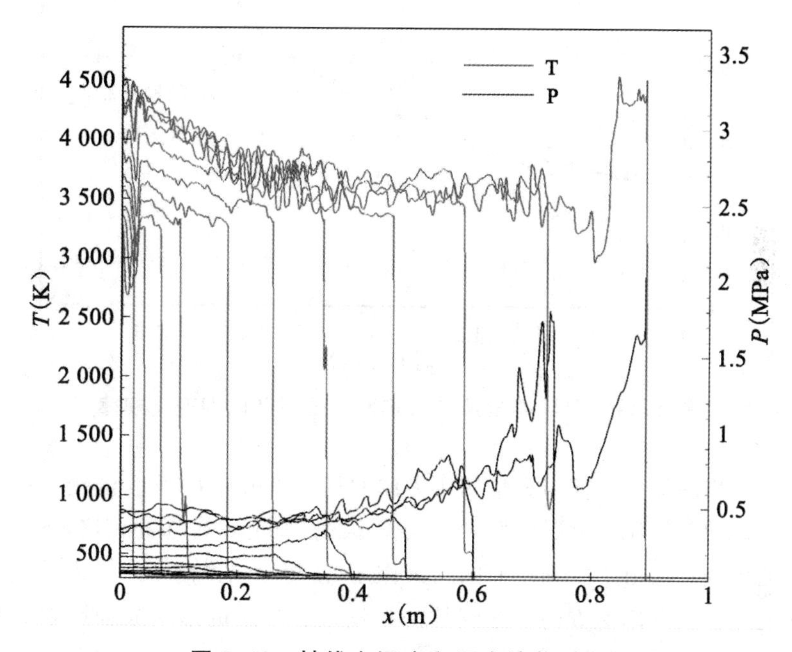

图 5.10　轴线上温度和压力演化过程

图 5.11 为火焰面顶端与前导冲击波的位置随时间的变化规律。压力波相互叠加形成前导冲击波时，其位置在火焰面前方较远处，冲激波在前火焰面在后，此时火焰呈现典型的两波三区结构。开始时刻它们之间的距离大约为管道宽度的 2 倍，Ivanov 的结果[97]为管道宽度的 5～7 倍，这是因为我们在数值模拟中采用的是 2 维模型，且管道宽度为 20 mm，远远大于 Ivanov[97]的模型尺寸。从图 5.11 可以看出，火焰面与前导冲击波之间的距离不断减小，最后趋于 0，即形成爆轰波。值得注意的是，在 t～1.4 ms 时，前导冲击波和火焰面的位置随时间变化的斜率突然增加，而且是前导冲击波后方的火焰面的位置先增加。这是由于随着前导冲击波对未燃气体进行压缩，火焰前方的气体密度和温度迅速升高，提高了化学反应速率，而且压力脉冲不断与壁面相互作用，触发了热点的

形成，从而导致局部爆炸的发生。火焰迅速传播并与前方的冲击波耦合，最后形成爆轰波。

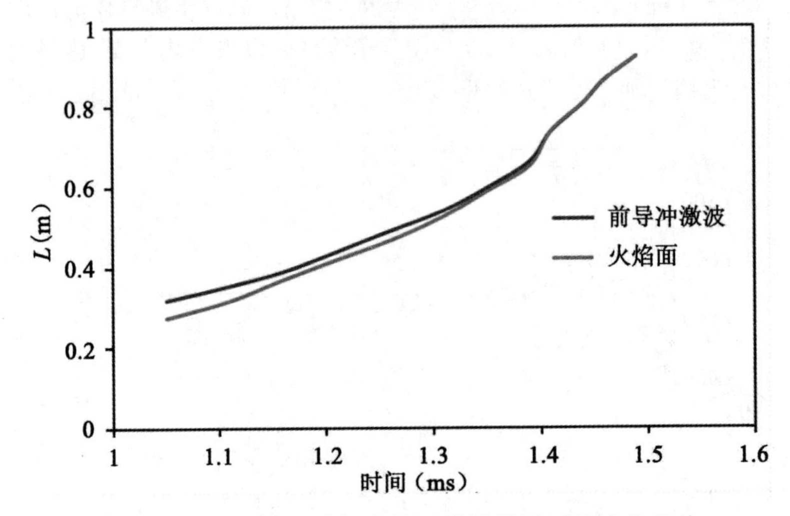

图 5.11 前导冲击波与火焰面的位置随时间变化规律

火焰的加速不仅与火焰和压力波的相互作用有关，而且还受到火焰面附近的流场流动状况的影响。在管道封闭端开始传播的火焰，不断膨胀的燃烧产物由于受到壁面的约束作用，使得火焰像活塞一样推动气体向前流动。火焰前方的未燃气体的流动及边界层的形成成为影响火焰加速的重要因素，并影响爆燃转爆轰发生的物理机制。初始时刻火焰面前方未燃气体的流动速度约为 $u=(\Theta-1)u_f$，而火焰传播速度相对实验室坐标为 $u_{fl}=\Theta u_f$，这里 u_f 为层流火焰速度，Θ 为膨胀比，即未燃气体的密度与燃烧产物密度的比值。由于壁面处黏性作用的影响，火焰前方气体的流动变得不均匀，靠近壁面处速度降为 0。火焰在这样的流场中传播时，其速度也表现出类似的特点，所以火焰形状的变化依赖于当地的流场状况。火焰传播速度的不均匀导致火焰面不断拉伸，表面积增加。火焰面面积增加使得单位时间内更多的未燃气体燃烧，从而提高了燃烧速率。燃烧速率增加使得能量释放率增加，进而促进火焰传播，导致火焰前方流动增强，这反过来又增强了火焰面的拉伸，可见火焰传播与前方气体的流动建立了正反馈机制。

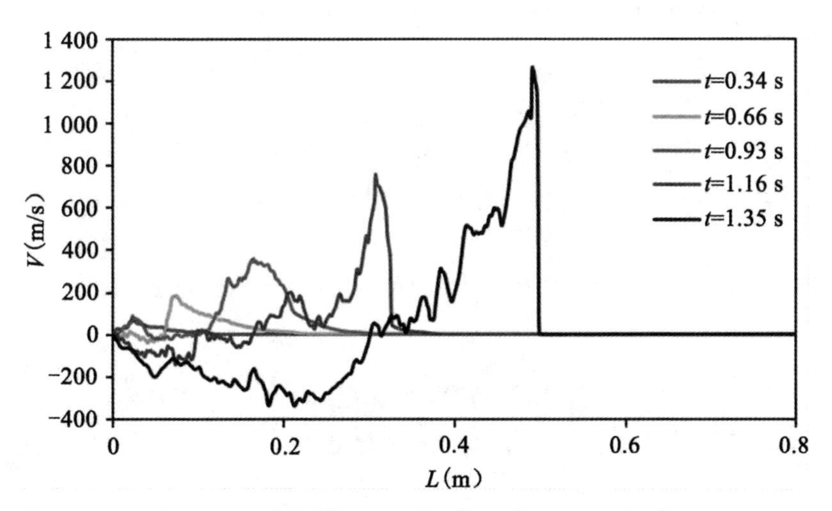

图 5.12　中心轴线上不同时刻的气体流动速度

当火焰面前方出现前导冲击波时，数值模拟结果显示两者之间的距离为 $2D$，其中 D 为管道宽度。边界层厚度由此可以推算出来，$\delta \sim 2D\sqrt{\mathrm{Re}}$，其中 Re 为雷诺数。由此可知当雷诺数小于 16 时，边界层厚度才达到与 1/2 管道宽度的量级相同，所以火焰面前方的流动不易形成泊肃叶流（Poiseuille flow）。图 5.12 为不同时刻管道中心轴线上气体流动速度分布，点火之后，气体流动速度迅速增加。当 $t=0.34$ ms 时，$L \sim 0.024$ m 处气体流动最大速度已接近 75 m/s，根据求雷诺数的公式，$\mathrm{Re}=\frac{\rho u D}{\mu}$，此时雷诺数已大于 5 689，所以边界层厚度 $\delta < 5\times10^{-4}$ m，远小于管道宽度。随着火焰不断加速，管道内气体流动速度逐渐增加，当 $t=1.35$ ms 时，最大流动速度接近 1 300 m/s。

图 5.13 显示了 $t=0.727$ ms 和 0.86 ms 时刻火焰面附近的流场情况。图的左边为火焰面及流动速度等值线，右边为横截面处（A、B）流动速度廓线。由于壁面的摩擦作用，火焰面沿着壁面被拉伸，而且出现褶皱。火焰面前方的流动分布不均匀，管道中心处流动速度最大，靠近壁面时速度降为 0。当 $t=0.727$ ms 时，从横截面 A 处的速度廓线可以看出，管道中间部分的流动速度几乎一致，都为 120 m/s，当靠近壁面时速度迅速下降，边界层厚度非常薄。边界层没有影响管道内大部分的流体。当 $t=0.86$ ms 时，横截面 B 处流动速度也表现出同样的特征。即

使雷诺数已经很大，火焰前方管道内大部分流体保持层流状态。Zeldovich等[195]猜测火焰面上游流动速度出现抛物型所需时间为 $t=D^2/\upsilon$，而且解释到这个时间对于宽度为 20 mm 的管道大约为 10 s。然而，管道内火焰加速到爆燃转爆轰出现的整个过程的持续时间也就在 1 ms 左右，远远小于上游的流动速度呈抛物线型分布所需的时间，即发生爆轰转变之前管道内的流动没有出现泊肃叶流。

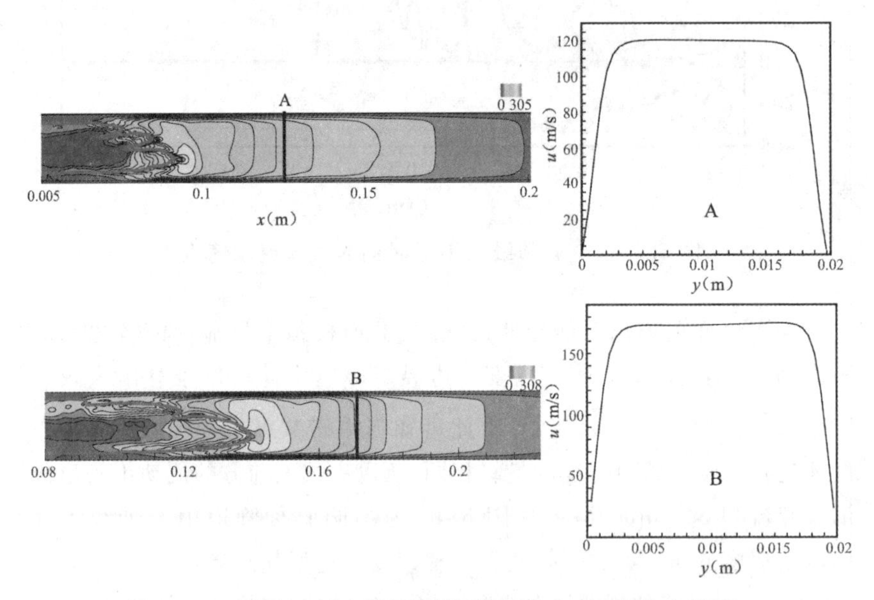

图 5.13　不同时刻火焰面附近流场分布，红线为火焰面，右边速度廓线分别对应于 A 和 B 截面

图 5.14 为不同时刻火焰面附近流线图。火焰面前方流线基本保持平行，即流动处于层流状态。当 $t=0.86$ ms 时，火焰面顶端传播到 0.14 m 处，前方流场中的流线保持平行，而火焰面后方的流线出现弯曲，即出现流动不均匀。$t=1.21$ ms 时，火焰面顶端传播到 0.35 m 处，此时火焰面前方的流线仍然延续到前方很远处，到 $t=1.31$ ms 时，流线在火焰面前方某位置突然消失，即此时出现流动间断。对比图 5.12 发现，流动速度梯度很大，速度值大于 1 300 m/s，为超声速传播，后方的扰动不能传播到上游。当 $t=1.39$ ms 时，火焰面附近的流线不再保持平行，这是由于局部爆炸导致流场变得复杂，火焰面后方出现了明显的涡旋。

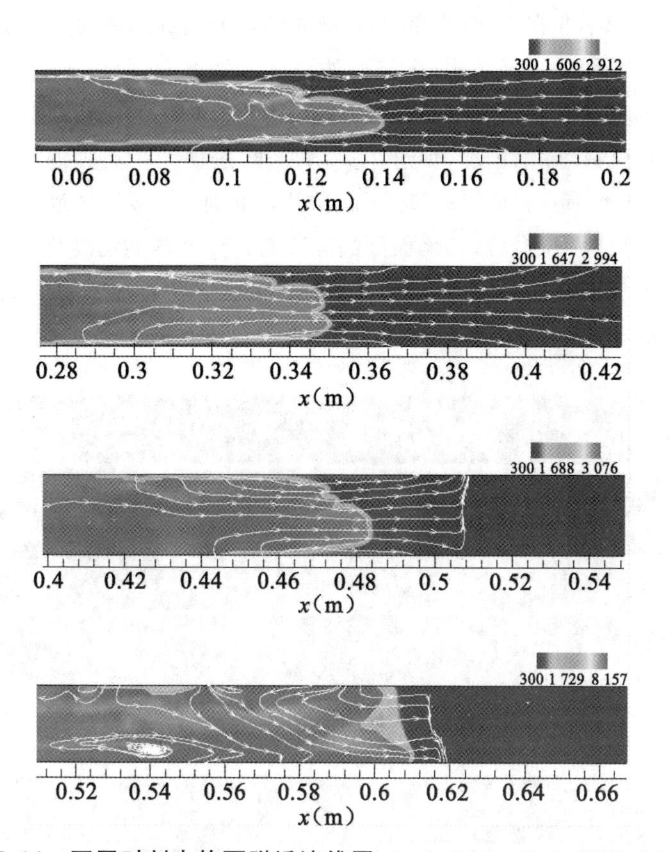

图 5.14　不同时刻火焰面附近流线图，t＝0.86，1.21，1.31，1.39 ms

图 5.15 显示了火焰面前方预热区域的形成和局部爆炸触发爆燃转爆轰的过程。随着压力的不断增加，压力波对火焰前方未燃气体的预热作用越来越明显。图 5.15(a)中 $t=1.31$ ms 时，火焰面前方未燃气体温度明显升高，但是温度约为 500 K，不足以触发爆燃转爆轰，此时预热区域的宽度与火焰面厚度的无量纲比值为 $l=\Delta x/L_f=16.7$。随着火焰加速传播，预热区域逐渐变窄，$t=1.35$ ms 时，其无量纲宽度为 8.4。现有的观点普遍认为，在给定温度梯度的条件下，在半无限长的区域内爆轰波总是会出现。爆轰的形成包含一个反应梯度机理，通常是指温度梯度，但是反应梯度如何导致 DDT 的发生至今仍然没有揭示清楚。事实上，基于反应梯度的概念，爆燃转爆轰发生时，火焰前方某处必定形成了反应梯度，从而促进未燃气体与燃烧产物发生充分混合，加强了火焰与冲击波的相互作用，导致在未燃气体中出现热点。初始阶段，预热区域

内的反应速率非常小，其内部的反应可以认为是冻结的，此时的火焰结构是典型的两波三区结构，火焰面处温度突然上升，而前方的温度略大于初始温度。随着压力不断升高，压缩未燃气体并使预热区内的温度升高，预热区温度逐渐增加，促进了火焰加速，进而产生更强的压力脉冲，如图 5.15(b)所示。结果反应区向预热区延伸，即预热区逐渐变窄，从而放大反应速率，最后，火焰面处的温度与预热区内的温度趋于一致，使得温度梯度重建。此时，火焰传播速度由热传导决定转变为由反应梯度的诱导时间决定。

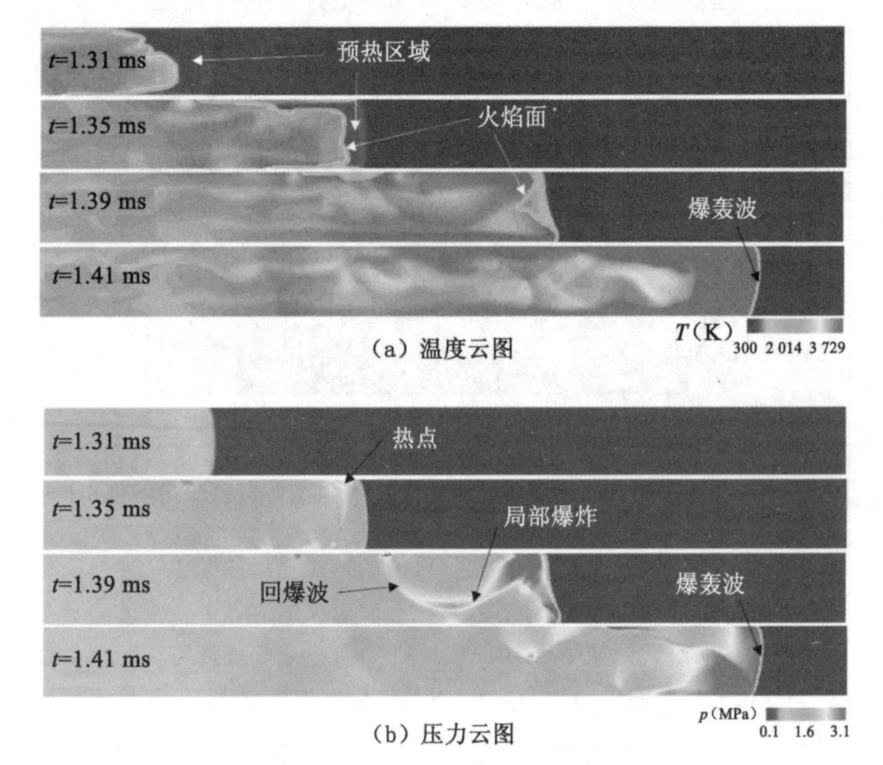

图 5.15 局部爆炸触发爆燃转爆轰的发生

前导冲击波形成之后，由于其对壁面的不断作用，边界层随之形成，且边界层内的温度不断升高。在火焰面与前导冲击波之间的区域存在许多由火焰面产生的压缩波，它们相互碰撞形成冲击波。冲击波与边界层相互作用使得边界层内的温度进一步升高，当诱导时间足够小时，在边界层内会热点，从而发生自点火现象。图 5.15(b)中，$t=1.35$ ms 时，边界层内出现热点，形成局部高压触发了局部爆炸，导致过驱爆轰的形成。$t=1.39$ ms 时刻，可以看到明显的由于局部爆炸出现的横波。

图 5.16 显示了局部爆炸发生及其发展的过程。当 $t=1.383$ ms 时，壁面附近发生局部爆炸，接着在管道形成横波和反向传播的回爆波（$t=1.39$ ms），同时爆炸波向前传播，追赶上前方的火焰面，并与前导冲击波碰撞，触发另一个更强的局部爆炸（$t=1.396$ ms），出现另一道更强的回爆波反向传播。最后，前导冲击波与上游的火焰面耦合，形成爆轰波，见图 5.10 中 $t=1.405$ ms 时的压力云图。

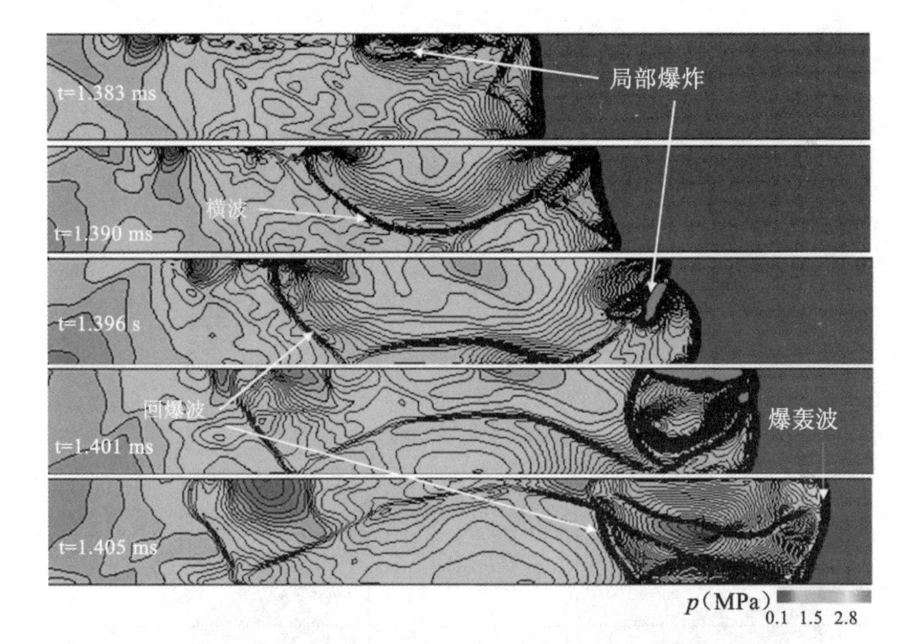

图 5.16 局部爆炸触发爆燃转爆轰时的压力云图及速度等值线

2）三维数值模拟

火焰在管道中传播时火焰形状一般会经历连续多次的变化。对于横截面为矩形的管道中传播的火焰，三维数值模拟结果更能真实地预测火焰传播动力学发展过程。用三维数值模拟方法对实验工况进行模拟时，计算区域为 20 mm×20 mm×1.5 m，内部充满当量比的甲烷氧气预混气体。边界条件和初始条件与二维的情形相同，网格大小为 0.5 mm。

图 5.16 展示了不同时刻管道内火焰面形状随时间变化规律，图左侧为温度等值面的火焰面形状，右侧为对应的 $y=10$ mm 横截面上温度云图。开始时设置球形高温区域实现点火，此时火焰为球形。随着火焰传播，火焰面顶端很快出现褶皱，如图 5.17(b)所示。随后火焰面顶端又变得光滑，呈半球形，如图 5.17(c)所示，这与实验结果相符。火焰表面也由光滑变得凹凸不平，如图 5.17(d)所示。但是二维数值结果中，这些细节不能很好地显示，右侧横截面上的温度云图也显示了火焰面的变化，但是不能很清楚地显示火焰面上的褶皱。

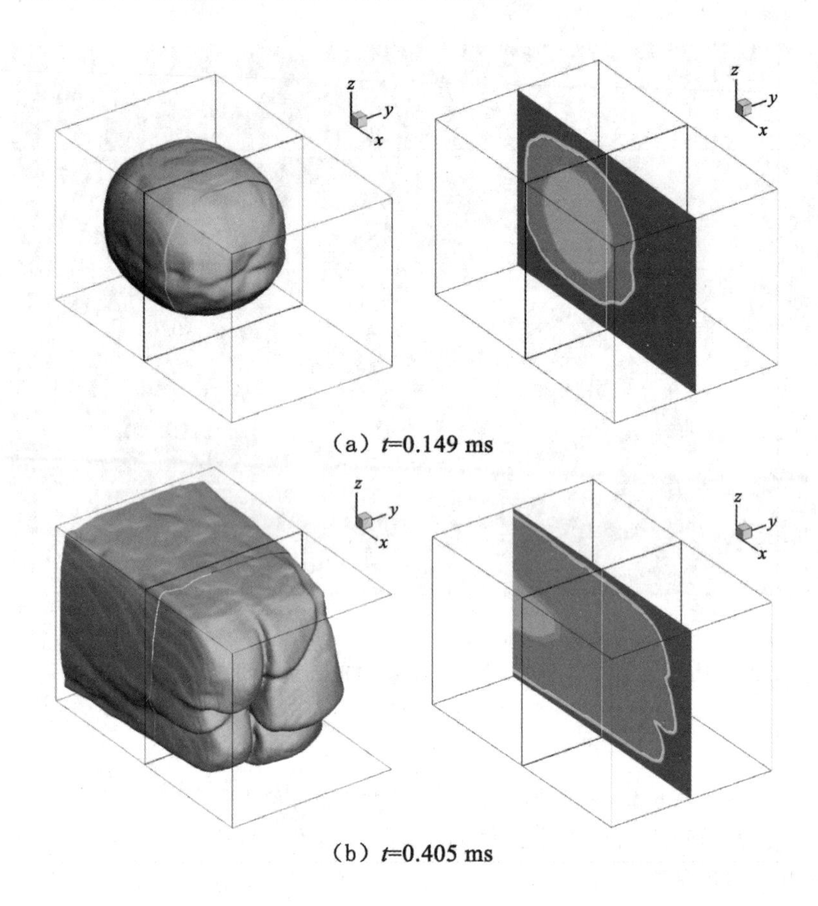

(a) t=0.149 ms

(b) t=0.405 ms

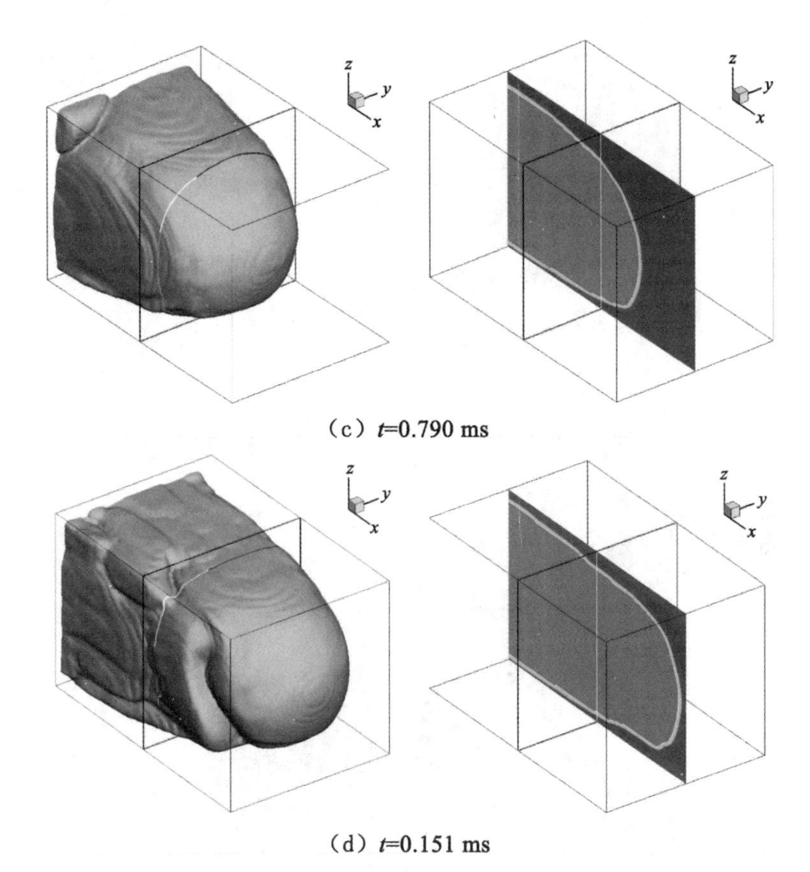

（c）t=0.790 ms

（d）t=0.151 ms

图 5.17　三维管道内不同时刻的火焰面形状，火焰面取 1 500 K 的温度等值面

图 5.18 显示了 $t=1.837$ ms 时刻火焰面形状、横截面上温度云图和此时中心轴线上与边界层内的温度曲线。此时火焰面与之前相比表面出现更多的鳞状结构，火焰面表面积进一步增加[图 5.18(a)]。但此时火焰面仍处于被拉伸状态，火焰面与壁面之间存在空隙。由图 5.18(b)可以看出，火焰面前方的预热区域已经形成，温度升高，图 5.18d 显示预热区域内温度约为 500 K。火焰前方边界层内的温度高于管道内部的温度，图 5.18(d)显示其温度约为 1 000 K，直到火焰面与壁面交汇处，温度升高到 4 000 K 左右，略高于管道内部的值。从压力云图可以看出[图 5.18(c)]，最大压力出现在火焰面附近。管道中心轴线上的压力与边界层内的压力分布基本一致[图 5.18(e)]，在火焰面与壁面交汇处边界层内的压力大于管道中心处的值。

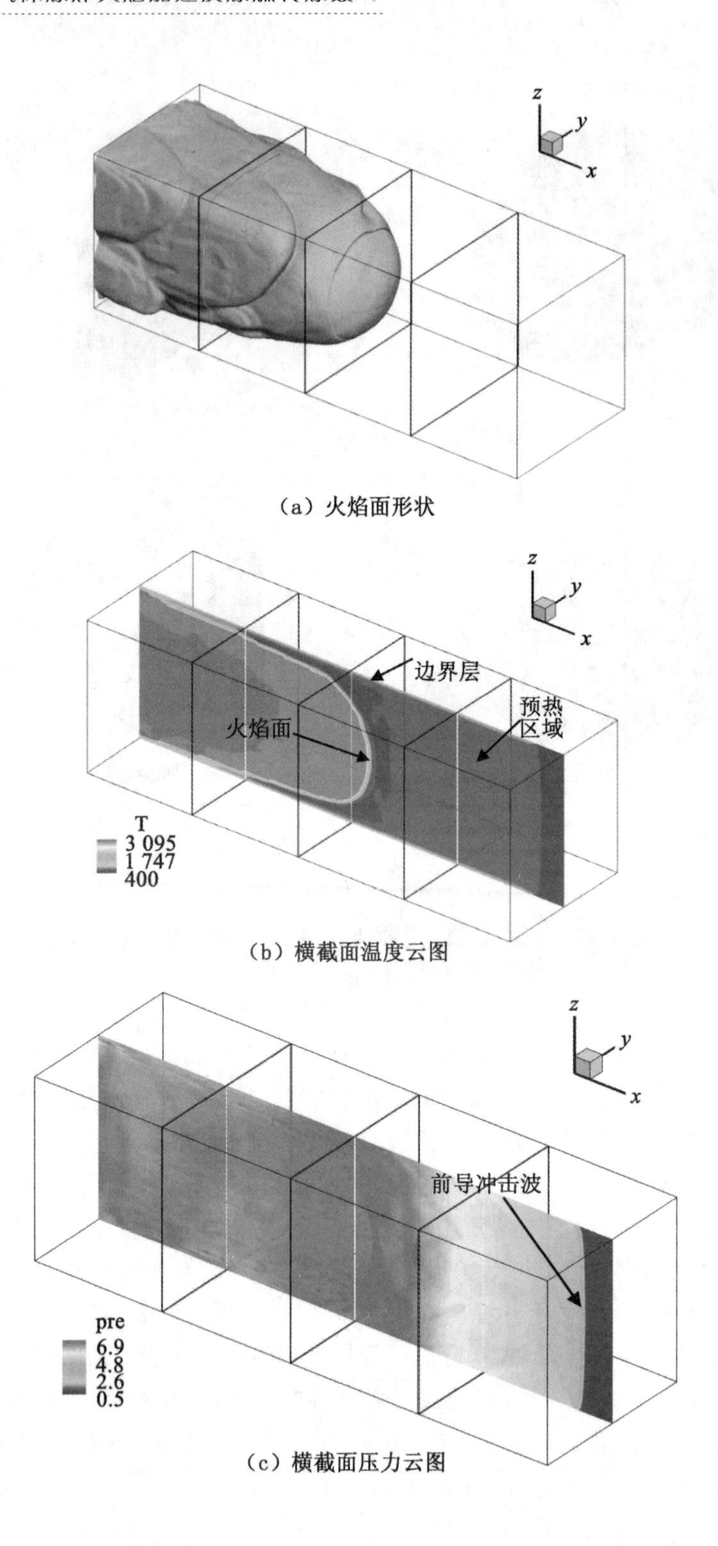

（a）火焰面形状

（b）横截面温度云图

（c）横截面压力云图

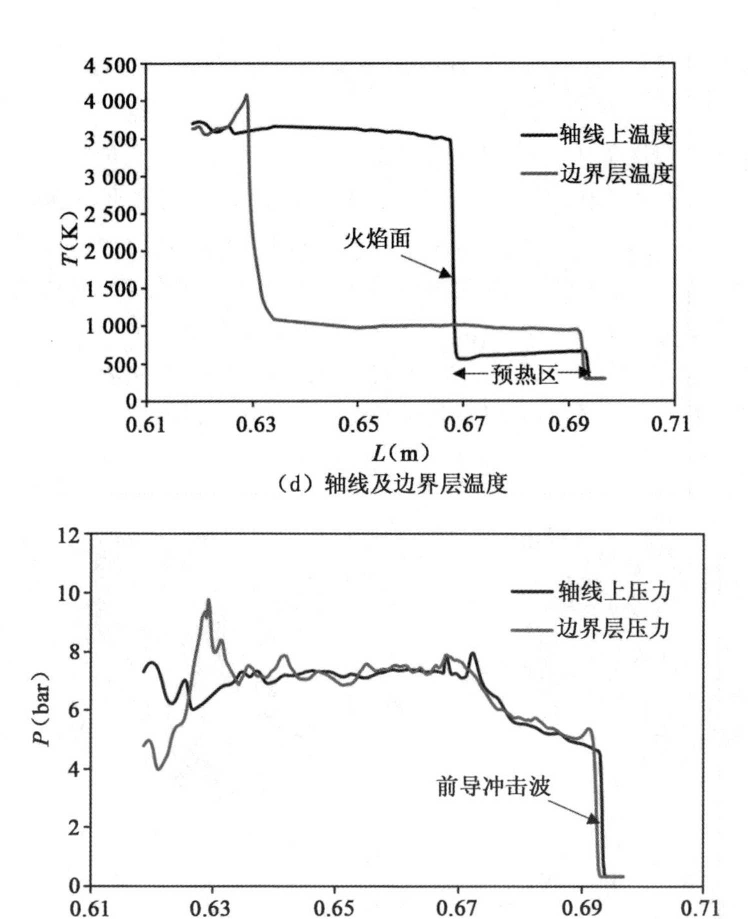

(d) 轴线及边界层温度

(e) 轴线及边界层压力

图 5.18　当 $t=1.837$ ms 时火焰面形状及其温度和压力分布

图 5.19 显示了在 20 mm 宽的宏观尺度管道内超快火焰形成时不同时刻壁面对火焰形状的影响。开始时刻火焰面逐渐被拉伸，但是由于压力的不断升高，诱导区域逐渐缩短，火焰面与壁面的交汇处与火焰面顶端之间的距离逐渐缩短。矩形截面的管道四个角处温度先升高，并牵拉着高温面使得边界层内的温度升高[图 5.19(a)、(b)]。壁面处的高温面不断追赶火焰面，并包围管道中心处的火焰[图 5.19(c)、(d)]。图 5.20 为管道中心轴线和壁面处的温度曲线。从图可以看出，中心处和壁面上的火焰前方都有预热区域，随着火焰传播，预热区域都逐渐缩短，但是开始时刻壁面处的预热区域比中心处的预热区域宽图[5.20(a)]，

且温度整体高于 1 300 K。此时边界层内还没有发生自点火,温度处于 1 300 K 到 1 600 K 之间。当 $t=1.865$ ms 时,预热区域进一步缩短,边界层内的温度整体升高,从前导冲击波与壁面交汇处到火焰与壁面交汇处的温度从 1 360 K 缓慢上升到 1 700 K,而管道中心处预热区域内的温度变化不大,为 900 K 左右。当 $t=1.868$ ms 时,前导冲击波对边界层作用更强烈,波后温度上升到 1 400 K,到火焰与壁面交汇处逐渐上升到 1 770 K。Kitano 等[196]认为当边界层内温度大于 1 400 K 时,就会发生爆轰,但是,我们发现边界层内温度大于 1 400 K 时,边界层内会出现超快火焰[图 5.20(d)],但是此时并没有发生爆燃转爆轰。

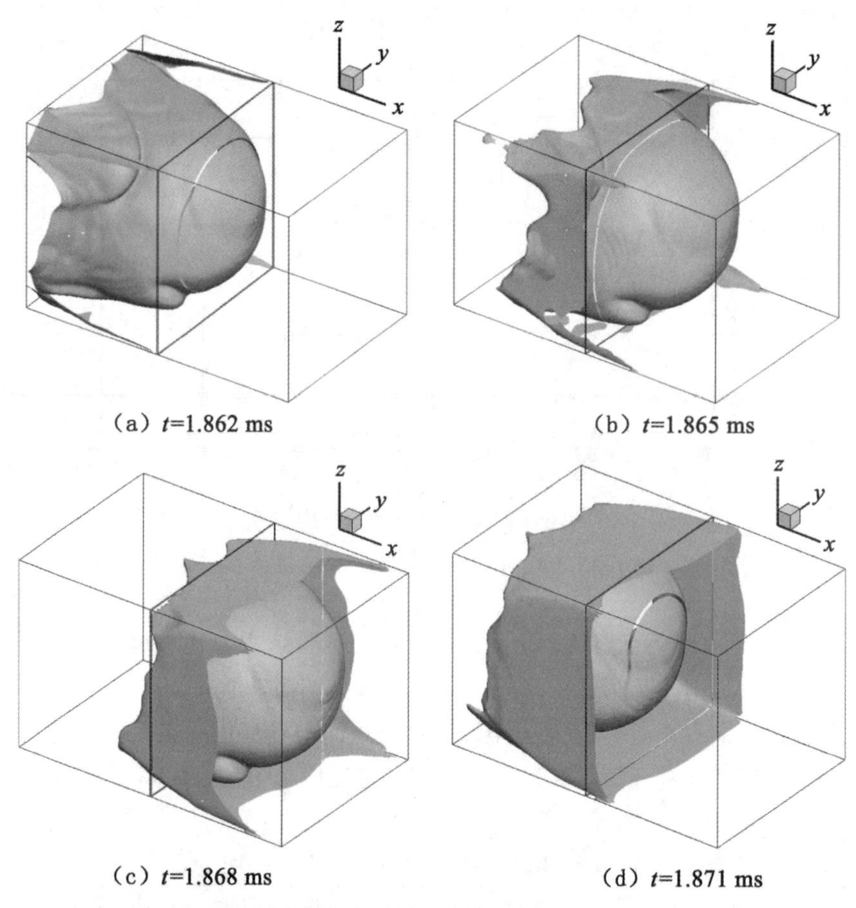

图 5.19 壁面对火焰面形状变化的影响,温度等值面为 $t=1\ 600$ K

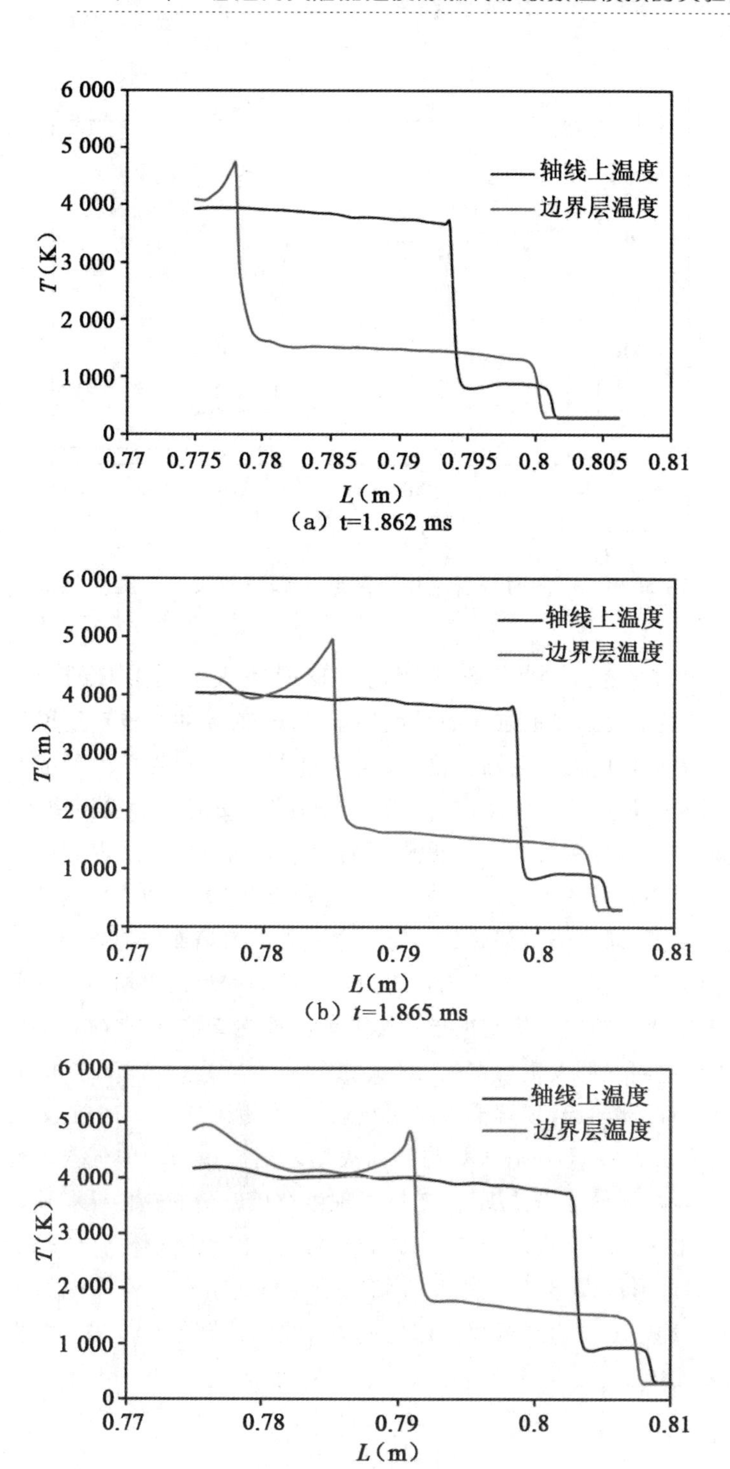

（a）t=1.862 ms

（b）t=1.865 ms

（c）t=1.868 ms

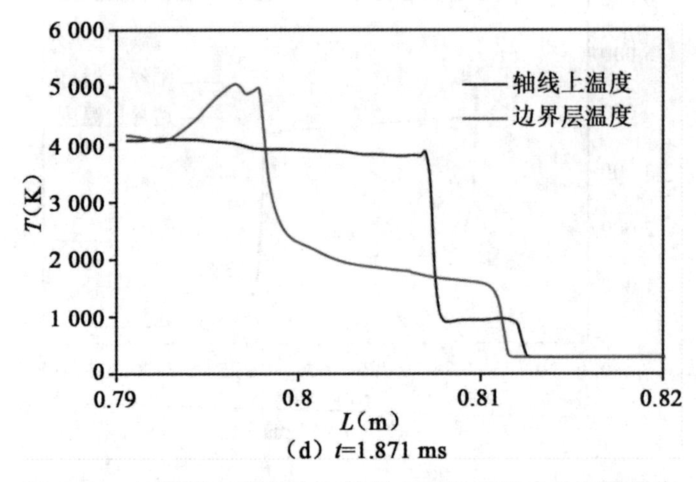

（d）t=1.871 ms

图 5.20　不同时刻管道中心轴线上和边界层内的温度分布

图 5.21 显示了爆燃转爆轰时不同时刻火焰面形状的变化。图 5.21(a)显示火焰面被拉伸的长度逐渐变短，前导冲击波对壁面的作用使得边界层内的温度逐渐升高，并出现自点火，在边界层内形成窄的火焰区域。火焰区域快速发展，从火焰面与壁面交汇处形成超快火焰，沿着壁面一直延伸到管道中心火焰面的前方。此时边界层内的超快火焰包围管道中心处的火焰，但是并未发生爆燃转爆轰。边界层内的超快火焰逐渐变宽，向管道内部蔓延。管道中心处的火焰面与前导冲击波之间的距离进一步缩短，管道中心处的火焰与四周的超快火焰围成的腔的体积不断缩小。超快火焰与前导冲击波波阵面逐渐接近，即前导冲击波过后，边界层内立即发生自点火[图 5.21(d)]。当 $t=1.935$ ms 时超快火焰逐渐向内部凸起，顶端形成局部热点，热点逐渐成长，与中心处的火焰相连[图 5.21(e)]，中心火焰与壁面火焰之间出现未反应气囊。此时火焰面已经与前导冲击波耦合，燃烧机理由初始时刻的热传导和热辐射转变为冲击波压缩点火。当壁面火焰与中心火焰连为一体时，火焰面变为准平面，即形成爆轰波。因此，对于宽度为 20 mm 的管道内的火焰传播，前导冲击波与边界层相互作用使边界层内出现超快火焰是触发爆轰的重要原因。

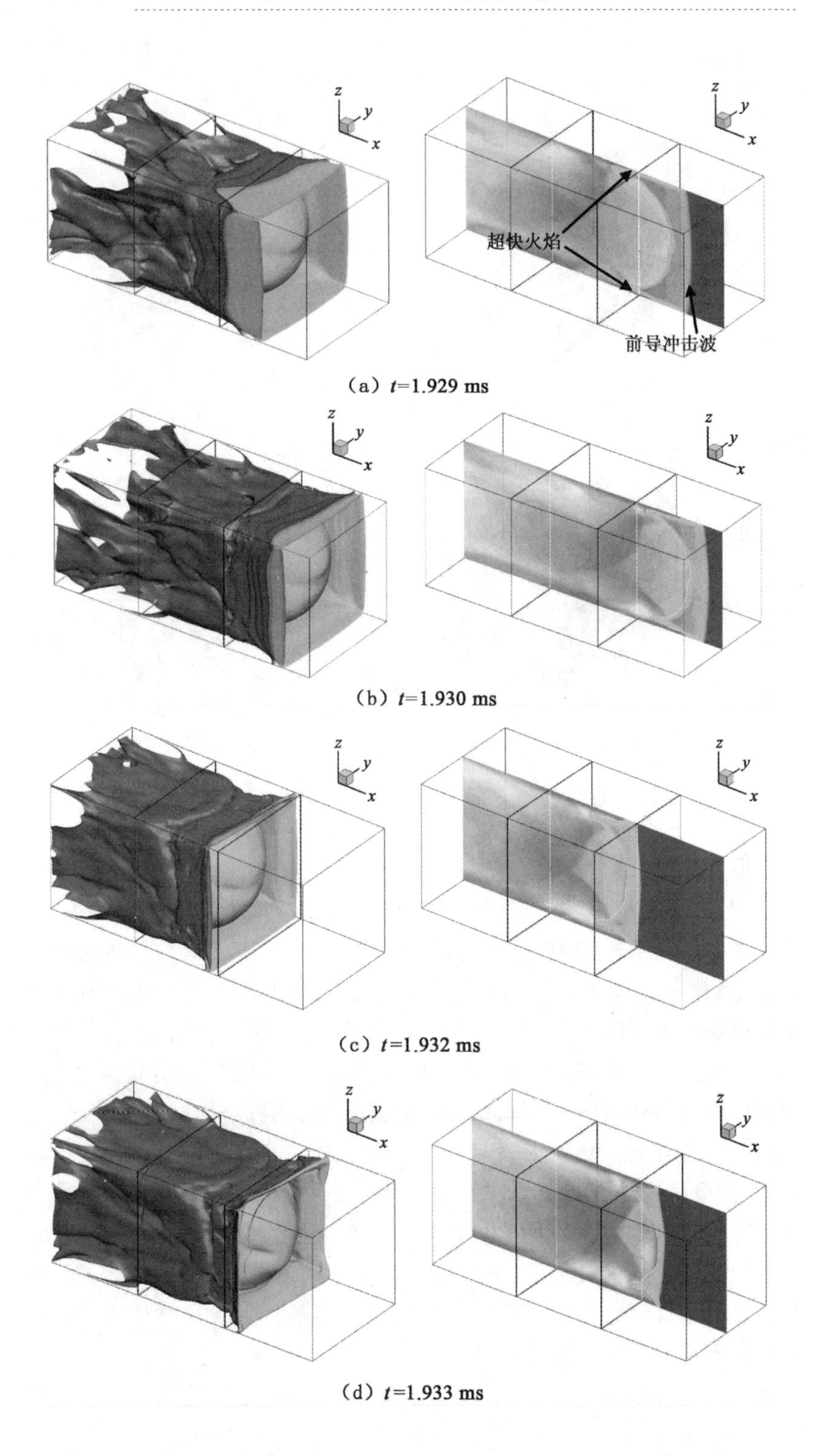

（a）t=1.929 ms

（b）t=1.930 ms

（c）t=1.932 ms

（d）t=1.933 ms

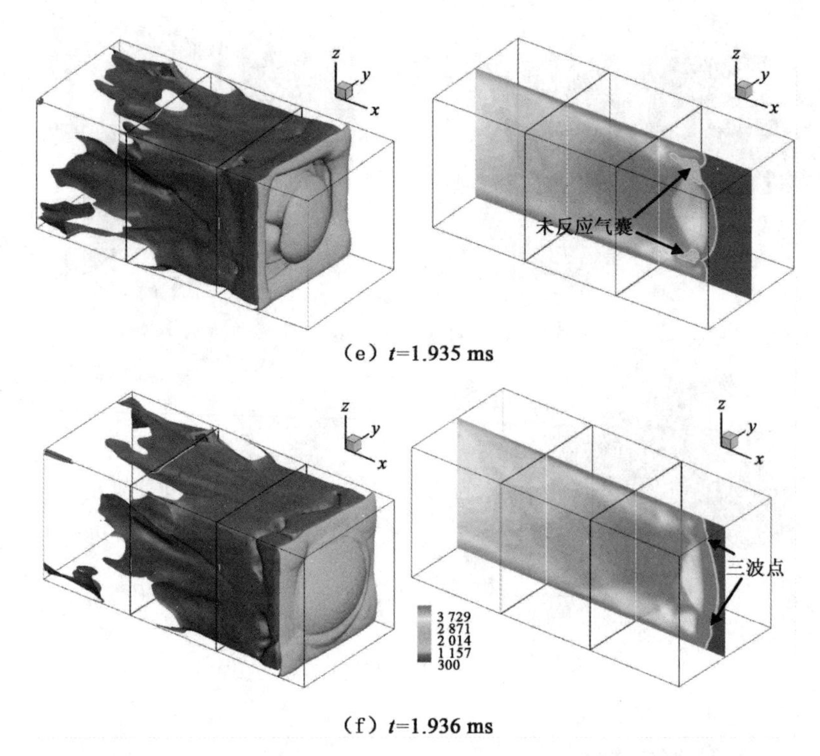

(e) t=1.935 ms

(f) t=1.936 ms

图 5.21 爆燃转爆轰时火焰面的变化及温度云图,火焰面取 1 500 K、2 500 K 和 4 000 K 的温度等值面

图 5.22 显示了爆燃转爆轰时不同时刻横截面上压力云图的变化。前导冲击波对火焰面前方的未燃气体进行作用之后,未燃气体的温度升高,压力升高。随着火焰不断产生新的压力脉冲,压力波在火焰面前方不断叠加并逐渐增强,其对边界层的不断作用使得边界层内出现超快火焰。由图 5.22 可以看出,边界层内的超快火焰产生斜激波,其值大于火焰面处的压力值,斜激波向管道内部传播形成横波,横波的碰撞使得管道内部压力升高。超快火焰产生的斜激波与壁面之间的夹角角度逐渐增大,横波的碰撞点与前导冲击波之间的距离逐渐缩小。当超快火焰与前导冲击波耦合时,由图 5.22(d)可以看到,斜激波、横波和前导冲击波三者相交,形成三波点。当火焰以爆轰波形式向前传播时,爆轰波波阵面总是由三波结构组成,即入射波、横波和马赫杆。三波结构之间的相互碰撞实现前导激波波阵面中马赫杆和入射激波的角色转换,在碰撞过程中,三波点的运动可以用烟熏膜捕捉下来,其运动轨迹呈现出鱼鳞状

的胞格结构。

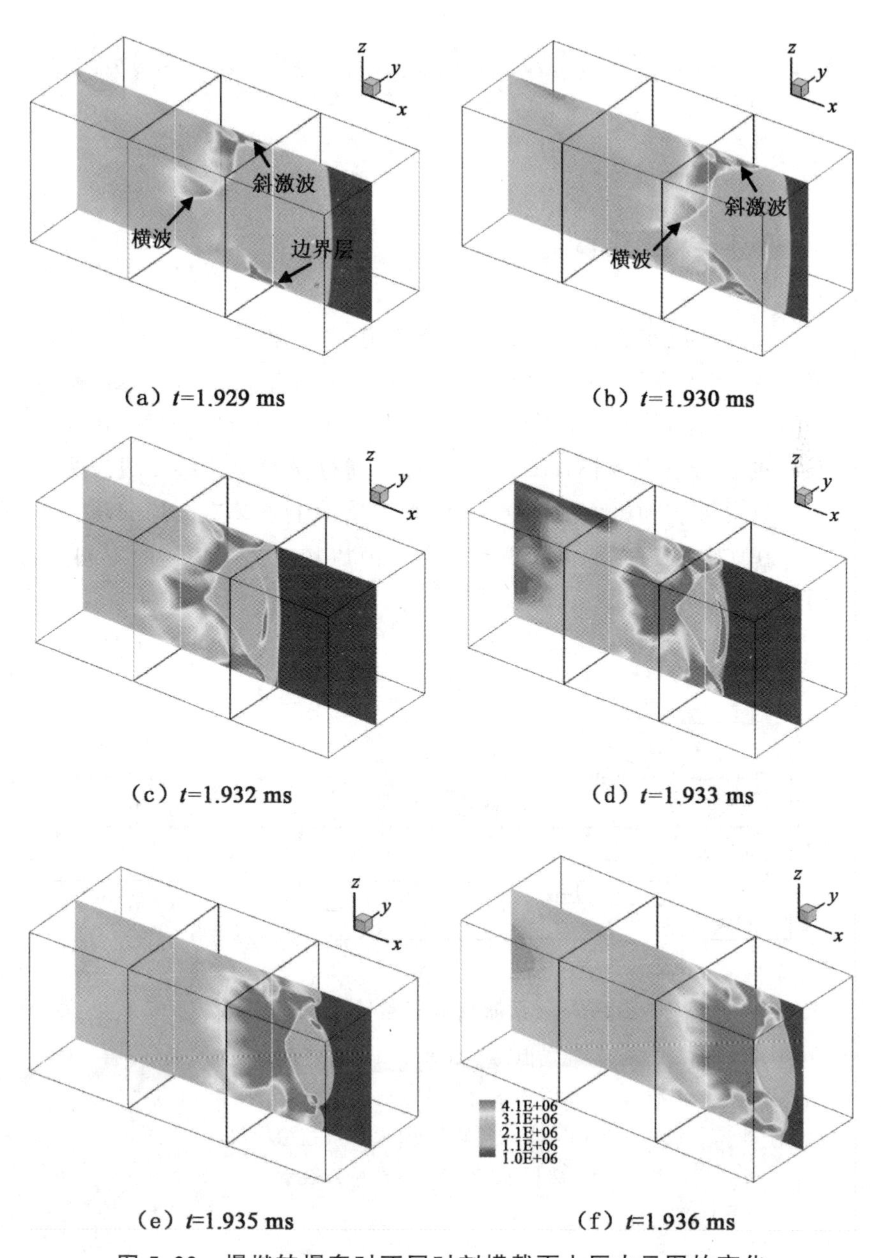

（a）t=1.929 ms　（b）t=1.930 ms

（c）t=1.932 ms　（d）t=1.933 ms

（e）t=1.935 ms　（f）t=1.936 ms

图 5.22　爆燃转爆轰时不同时刻横截面上压力云图的变化

5.3 大尺度长直管道内火焰加速及爆燃转爆轰

5.3.1 实验设置

大尺度管道实验系统主要由实验管道、配气柜、高速摄影仪、数据采集系统，点火系统、排风系统以及抽真空系统组成。实验系统示意图如图 5.23 所示。实验管道长 40 m，内径 0.35 m，两端封闭，由 4 根长 9 m 的长管道和两根长 2 m 的短管道通过法兰盘连接而成。为了监测管道内火焰和压力的传播信息，管道壁面上安装有火焰和压力传感器。在实验管道左端设置障碍物研究障碍物对火焰加速的影响，实物图如图 5.24 所示。

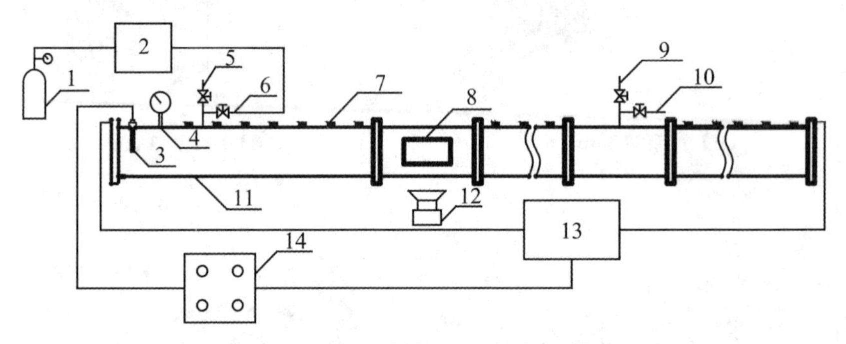

图 5.23 瓦斯爆炸实验管道示意图

1—甲烷气体，2—配气柜，3—点火杆，4—真空表，5—空气进口，6—瓦斯进口，7—传感器插孔，8—玻璃视窗，9—抽真空口，10—排气口，11—实验管道，12—高速摄影仪，13—数据采集系统，14—触发装置

图5.24 大尺度瓦斯爆炸实验管道及障碍物设置实物图

5.3.2 数值结果与实验结果的对比及讨论

数值模拟首先建立管道模型,长为40 m,直径为0.35 m,两端封闭,左端设置障碍物,图5.25显示了模型左端包含障碍物的一段,根据不同的工况设置不同的障碍物工况,本节模拟的工况为障碍物个数为6,间距为0.35 m,阻塞比为0.6,第一个障碍物距管道左端0.7 m。管道壁面设为固壁、绝热且满足壁面无滑移条件,管道内充满当量比的甲烷-空气预混气体,点火方式为在距管道左端0.5 m的中心处设置一个温度为2 000 K的高温区域。网格划分为均匀网格,大小为5 mm×5 mm×5 mm。数值模拟采用大涡模拟方法,对于控制方程组的离散,空间对流项的离散采用5阶精度WENO格式,用6阶中心差分格式离散控制方程右端的扩散项,时间方向用三阶TVD Runge-Kutta方法求解。

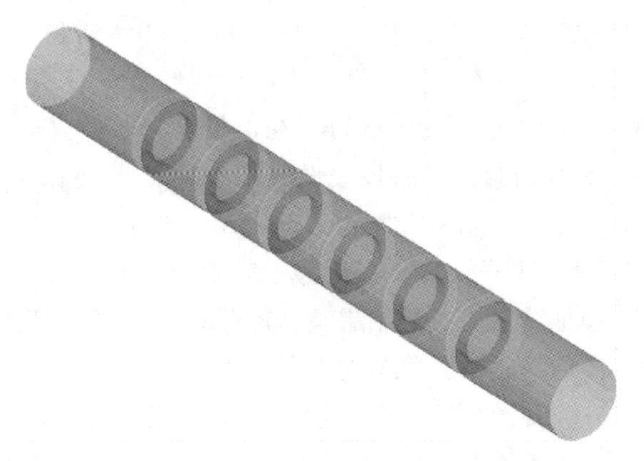

图5.25 数值模拟中管道模型左端设置6个圆环形障碍物示意图

图 5.26 和图 5.27 分别给出了管道内无障碍物和有障碍物条件下，管道中火焰传播过程的实验和数值模拟结果。无障碍物时，从图 5.26 可以看出，点火之后火焰逐渐加速向管道右端传播，达到最大值后速度逐渐降低。火焰传播没有出现爆轰形式，火焰传播达到最大速度的位置位于管道中间偏左，大小接近 100 m/s，数值模拟结果与实验结果得到的规律相符，证明了数值模拟的有效性。数值模拟结果中火焰速度值略大于实验值，这是因为数值模拟中壁面为固壁，且为绝热，管道内气体与管道壁面不存在热传导现象，可燃气体燃烧之后释放的能量更多地用来促进火焰传播。

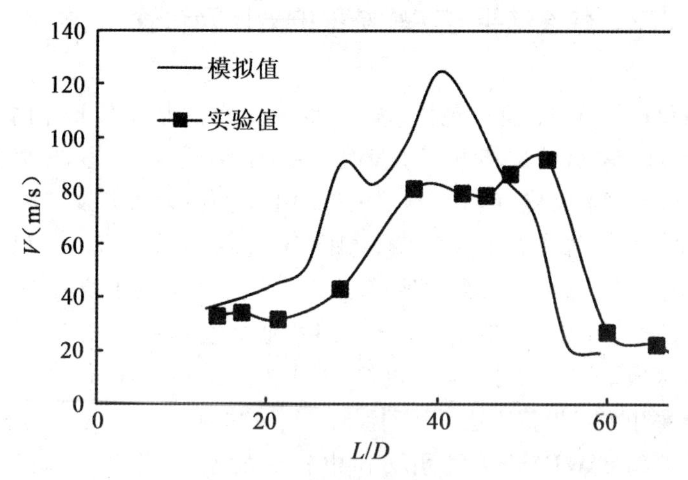

图 5.26　管道内无障碍物时火焰速度传播规律

当管道内设置障碍物时，从图 5.27 可以看出，障碍物极大地促进了火焰加速传播，并出现了爆燃转爆轰现象。实验数据表明，由于管道左端障碍物的存在，火焰速度迅速增加，在长径比为 8 处火焰速度已达到 500 m/s，随后火焰传播经历一段缓慢的加速期，在长径比为 80 处，火焰速度急剧增加，从 750 m/s 增加到 1 700 m/s，接近当量比的甲烷-空气在常温常压初始条件下的 C-J 爆轰速度 1 820 m/s，即出现了爆燃转爆轰现象。数值模拟结果与实验结果整体趋势相符，穿过障碍物后火焰速度经历一段距离的减速期然后逐渐加速，火焰速度增加较慢，直到在长径比为 70 处火焰速度突然增加，在长径比为 85 处达到最大值 2 000 m/s，发生爆燃转爆轰，然后火焰速度略微降低，以平均速度 1 825 m/s 向前传播，与实验结果相比，数值模拟结果更接近理论值，数值模拟为实验研究提供了理论支持。

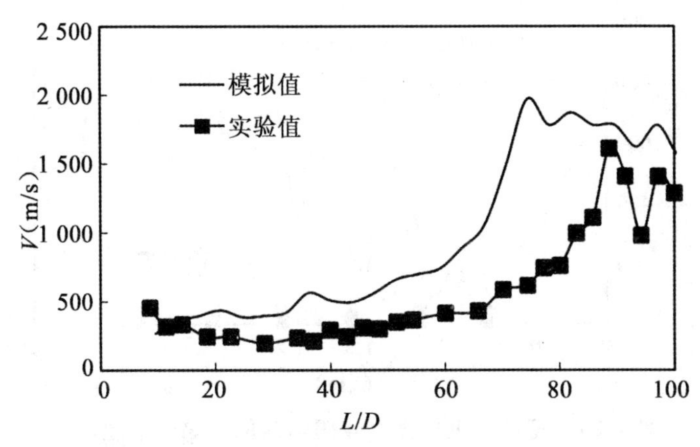

图 5.27　管道内有障碍物时火焰速度传播规律，障碍物个数为 6，阻塞比为 0.6，间距为 0.35 m

图 5.27 为在障碍物的作用下火焰传播速度和中心轴线上气体流动速度变化规律，黑色长方块为障碍物。由图可知，火焰速度与气体流动速度交织在一起，并不是火焰速度一直大于气体流动速度。可燃气体燃烧之后产生的高温燃烧产物迅速膨胀，诱导火焰前方气体流动，火焰在受扰动的流场中传播时，化学反应速率增加，导致热释放率增加，火焰传播速度加快，从而火焰前方气体流动速度增大，这导致了火焰速度进一步增加。火焰与前方的气体流动建立起了正反馈耦合机制。

火焰前方流动的气体穿过障碍物时由于障碍物使得横截面积减小所以速度明显增加。在扰动的气体后方紧跟着的火焰也表现出类似的传播规律。从图 5.28 中可以看到，气体流动速度增加则后方的火焰速度增加，气体流动速度减低则火焰速度降低。火焰穿过第一个障碍物后速度增加到 170 m/s，到达第二个障碍物之前，火焰经历一段减速期然后又迅速增加，穿过第二个障碍物时火焰速度从 100 m/s 增加到 550 m/s，增幅为 450 m/s，与此类似，在第二个和第三个障碍物之间火焰速度达到极大值点后又逐渐降低，在穿过第三个障碍物时速度又逐渐增加，重复这样的过程，火焰穿过第六个障碍物时速度增幅为 150 m/s，但是火焰速度已经增加到 1 000 m/s。管道内有障碍物存在时，火焰的速度远远大于空管道时火焰传到相同位置的速度。经过最后一个障碍物后，火焰前方气体流动速度急剧降低，火焰传播速度也随着降低。

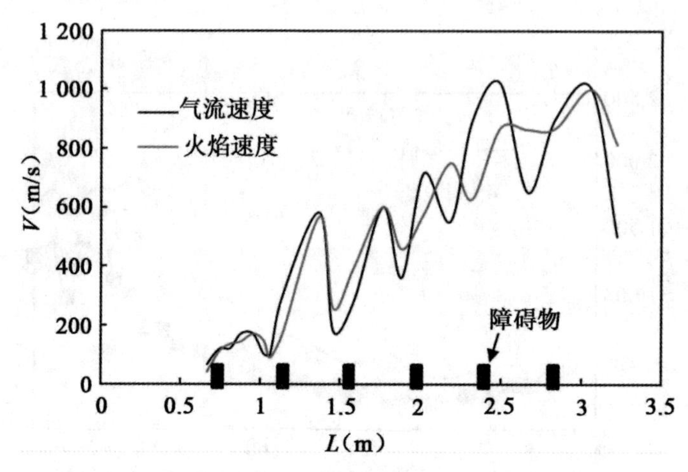

图 5.28 管道内火焰穿过障碍物时的火焰传播速度和中心轴线上气体流动速度

图 5.29 为火焰穿过障碍物时火焰面受到障碍物的作用而发生变化的系列图。开始时，球形火焰逐渐扩张，右端火焰面保持球面形状，并向右传播。环形障碍物的左侧壁面对火焰诱导的前方气体的流动具有阻碍作用，但柱体中部的圆形孔对气体的流动无阻碍作用，管道中部的火焰在接近圆环形障碍物时明显前突。穿过障碍物时，由于障碍物使得通道截面积减小，气体流动速度增加，火焰成射流状并加速向前传播。

绕过障碍物后，由于火焰前方未燃气体在环形障碍物右侧面绕射产生回旋区，火焰与周围未燃气体相互作用最终诱发湍流，随着火焰的进一步传播，由于障碍物对火焰前方气体的阻碍作用，火焰逐渐减速，但是障碍物之间组成的相对封闭的燃烧室内的可燃气体逐渐参与化学反应，产生高温高压的燃烧产物，使得压力逐渐升高，火焰穿过障碍物时形成更强的射流，火焰速度逐渐增加。

开始时刻火焰速度较慢，火焰穿过障碍物时其表面仍保持相对光滑。由横截面上流线图可以看出，火焰前方流体中的流线整体保持线性，只有在靠近障碍物附近时流线发生弯曲，即大部分流体都平缓地跨过障碍物[图 5.30(a)]。燃烧产物膨胀诱导的气流在绕过障碍物时，在障碍物内侧面顶部发生脱体，从而产生尺度较小的涡旋，称为前缘涡，而在障碍物的背风面形成由大尺度的涡构成的回流区。火焰穿过第一个障碍物时首先经历了一个收缩过程，然后又逐渐扩张，使得火焰面呈现蘑菇形状，这与实验中发现的现象一致。

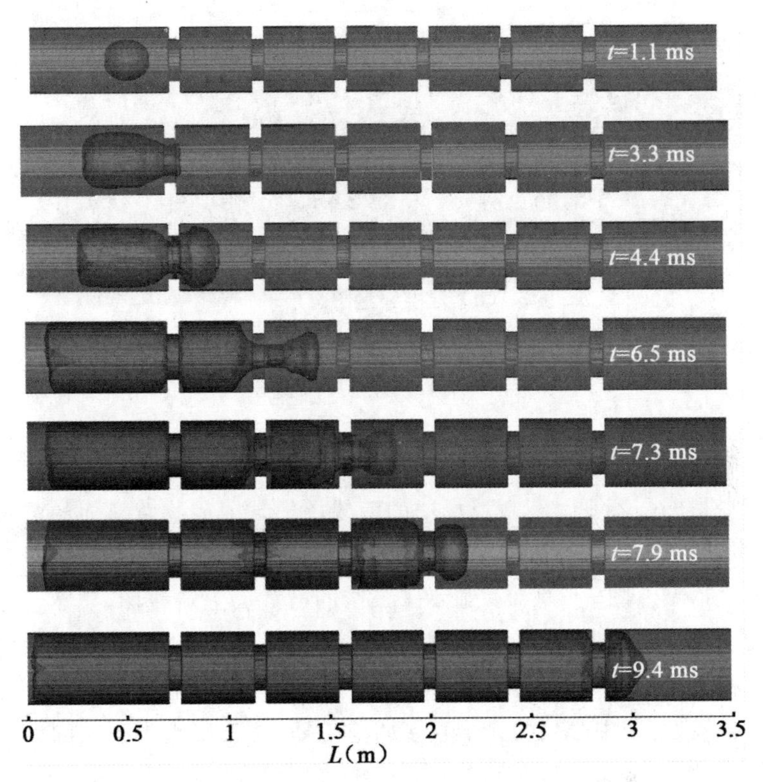

图 5.29　管道内火焰穿过障碍物时火焰面的变化过程，火焰面取温度为 2 000 K

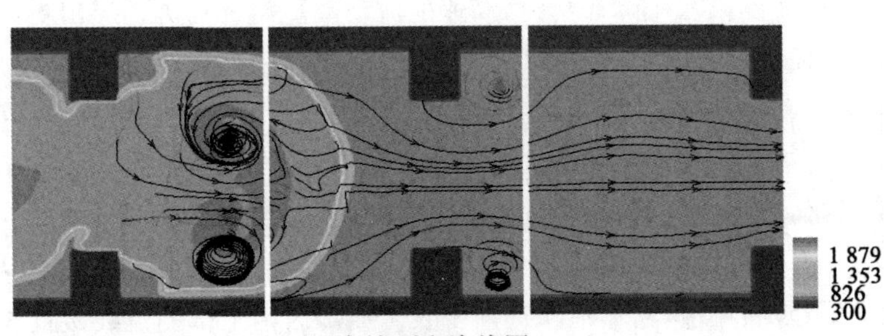

(a) 火焰面和流线图

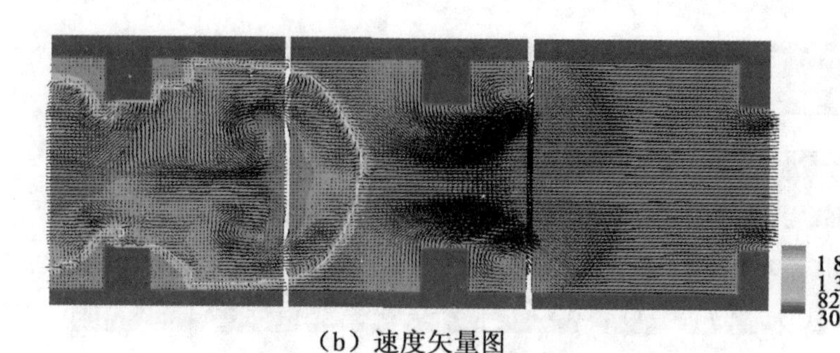

(b) 速度矢量图

图 5.30　当 $t=4.4$ ms 时管道内火焰穿过障碍物时火焰形状流线及速度矢量图

当 $t=6.6$ ms 时,火焰穿过障碍物后其表面出现很多褶皱,使得火焰面变得凹凸不平。观察流场中的流线图发现障碍物背风面的流线呈现湍流状态。湍流导致流场中出现了各种尺度的涡结构,从而使得火焰面发生褶皱。图 5.31(a)只显示了二维的横截面上流线图,显然管道内的流动是三维的,二维平面上的涡不断成长、破碎,同时在三维结构内也发生类似的过程。但是从图 5.31(a)可以看到管道中心处的流线仍保持近似线性,即中心处的火焰直接向前传播,这就出现中心处的火焰向前喷射(图 5.29,$t=6.5$ ms),而边上的火焰向壁面卷曲、膨胀。图 5.31 显示障碍物背风面形成了明显的回流区,火焰在这样的流场中传播时,旋涡使得火焰表面积不断增加,化学反应速率增加,从而使火焰速度增加。当传播到第三个障碍物时,高速的流动在障碍物后方诱导出更强的涡旋,从而进一步使得火焰面积增加,提高化学反应速率和火焰速度。火焰传播和这样的流动形成正反馈机制,即火焰与障碍物之间的相互作用机制促进了火焰不断加速。

但是,火焰在这样障碍物群中传播时,其速度并不是单调增加(图 5.28)。火焰穿过障碍物后,由于障碍物后方回旋区的作用,火焰面沿着剪切层向四周扩散,蘑菇形状逐渐变大。回旋区内上部的流线接近与水平方向平行,但是方向向左。剪切层的不稳定以及内部的涡不断脱落使得气体流动速度降低,从而降低了火焰传播速度。另一方面,两组障碍物之间构成相对封闭的空间,火焰生成的压力波在这个空间中传播时,在右侧障碍物上发生反射,从而压力升高,形成逆压梯度[图 5.31(c)]。火焰面附近的压力分布导致火焰传播速度下降。

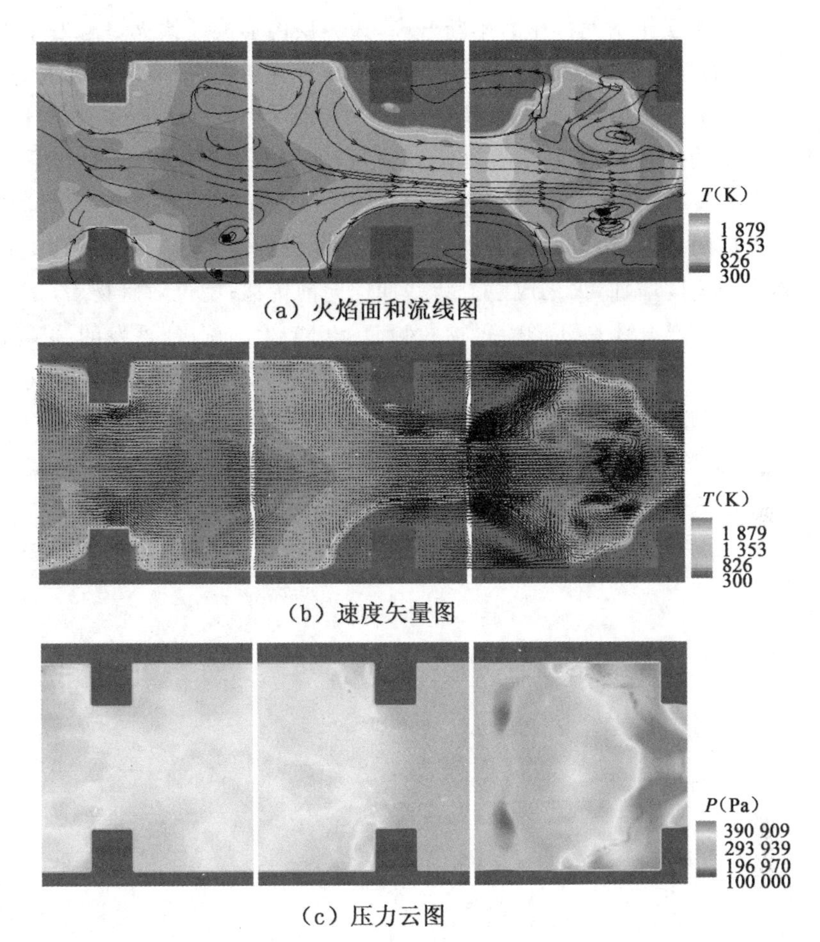

图5.31　当 $t=6.6$ ms时管道内火焰穿过障碍物时火焰形状以及压力云图

5.4　本章小结

本章研究了小尺度管道内火焰加速及爆燃转爆轰的整个过程，针对实际管道尺寸建立了数值模拟模型并进行了数值模拟研究，通过对比数值模拟结果和实验结果，验证了数值模拟的有效性和可行性。在小尺度管道内，火焰与压力波和流场的相互作用促进了火焰加速；随后火焰与冲击波的相互作用使得压力不断升高，边界层内形成超快火焰触发了局部爆炸，最终实现爆燃转爆轰。在大尺度长直管道内，没有障碍物时，火焰不能转变为爆轰波，其速度为先增加后降低，最大速度值出现在管道中心偏左的位置；当管道内存在障碍物时，火焰加速率增加，最终极易转变为爆轰波，转变位置位于靠近管道右端处；数值模拟结果揭示了障碍物对火焰的作用机理，穿过障碍物时，由于障碍物使得通道截面积减小，气体流动速度增加，火焰成射流状并加速向前传播；绕过障碍物后，由于火焰前方未燃气体在环形障碍物右侧面绕射产生回旋区，诱发的湍流使得火焰面面积增加，火焰进一步加速传播；随着压力波在障碍物之间不断反射，相邻障碍物组成的燃烧腔内出现逆压梯度，同时壁面处形成回流，导致火焰传播速度下降，最终在障碍物之间火焰速度的表现形式为震荡式传播。

参考文献

[1]Hirschfelder J O,Curtis C F. Theory of propagation of flames [M]. Third Symposium on Combustion,Flame and Explosion Phenomena. Baltimore,1949:121.

[2]Law C K. Combustion at a crossroads:Status and prospects [J]. Proceedings of the Combustion Institute,2007,31(1):1-29.

[3]Matalon M. Flame dynamics[J]. Proceedings of the Combustion Institute,2009,32(1):57-82.

[4]Shelkin K I. Influence of tube roughness on the formation and detonation propagation in gas [J]. Journal of Experimental and Theoretical Physics,1940,10:823.

[5]Palmleis A,Strehlow R A. On the propagation of turbulent flames [J]. Combustion and Flame,1969,13:111-129.

[6]Markstein G H. Experimental and theoretical studies of flame front stability [J]. Journal of the Aeronautical Sciences,1951,18:199-209.

[7]Clavin P. Dynamic behavior of premixed flame fronts in laminar and turbulent flows [J]. Progress in Energy and Combustion Science,1985, 1:1-59.

[8]Matalon M,Matkowsky B J. Flames as gasdynamics discontinuities [J]. Journal of Fluid Mechanism,1982,124:239-259.

[9]Sivaskinsky G I. Instabilities,pattern formation,and turbulence in flames [J]. Annual Review of Fluid Mechanics,1983,15:179-199.

[10]Teodorczyk A,Lee J H,Knystautas R. Propagation mechanism of quasi-detonations. In:22nd Symposium on Combustion,Combustion Institute[C]. Pittsburgh,1988:1723-1731.

[11]Teodorczyk A. Fast deflagrations and detonation in obstacle-

filled channels [J]. Journal of power technologies,1995,79:145-178.

[12]Chan C,Moen I O,Lee J H S. Influence of confinement on flame acceleration due to repeated obstacles [J]. Combustion and Flame,1983,49:27-39.

[13]Hirano T. Gas explosion processes in enclosures. Plant/Operations Progress,1984,3:247-254.

[14]Masri A R,Ibrahim S S,Nehzat N,et al. Experimental study of premixed flame propagation over various solid obstructions[J]. Experimental Thermaland Fluid Science,2000,21(1-3):109-116.

[15]Oh K H,Kim H,Kim J B,et al. A study on the obstacle-induced variation of the gas explosion characteristics[J]. Journal of Loss Prevention in the Process Industries,2001,14(6):597-602.

[16]Movileanu C,Gosa V,Razus D. Explosion of gaseous ethylene-air mixtures in closed cylindrical vessels with central ignition[J]. Journal of Hazardous Materials,2012,235 (2):108-115.

[17]Von Karman T,Millan G. Theoretical and experimental studies on laminar combustion and detonation waves [A]. In:Fourth Symposium (international) on Combustion [C]. The Combustion Institute,Pittsburgh,1953:173-177.

[18]Aly S L,Hermance C E. A two-dimensional theory of laminar flame quenching[J]. Combustionand Flame,1981,40(81):173-185.

[19]Lee S T,Tsai C H. Numerical investigation of steady laminar flame propagation in a circular tube[J]. Combustionand Flame,1994,99(3):484-490.

[20]Hackert C L,Ellzey J L,Ezekoye O A. Effects of thermal boundary conditions on flame shape and quenching in ducts[J]. Combustionand Flame,1998,112(1-2):73-84.

[21]Institute C. Twentieth Symposium (International) on Combustion,at the University of Michigan,Ann Arbor,Michigan,August 12-17,1984,organized by the Combustion Institute[M]. Combustion Institute,1985.

[22]Andrae J,Björnbom P,Edsberg L. Numerical studies of wall effects with laminar methane flames[J]. Combustionand Flame,2002,

128(1-2):165-180.

[23]Gamezo V, Oran E. Flame Acceleration in Narrow Tubes: Effect of Wall Temperature on Propulsion Characteristics[C]. Aiaa Aerospace Sciences Meeting and Exhibit,2006.

[24]Dion C,Demirgok B,Akkerman V,et al. Acceleration and extinction of flames in channels with cold walls[C]. 25th ICDERS, August 2-7,2015,Leeds,UK.

[25]Ott J D,Oran E S,Anderson J D. A mechanism for flame acceleration in narrow tubes[J]. Aiaa Journal,2012,41(41):1391-1396.

[26]Zengin Y,Dursun R,Icer M,et al. Fire disaster caused by LPG tanker explosion at Lice in Diyarbakır (Turkey) [J]. Burns Journal of the International Society for Burn Injuries,2015,41(6):1347-52.

[27]Huzayyin A S, Moneib H A, Shehatta M S, et al. Laminar burning velocity and explosion index of LPG-air and propane-air mixtures[J]. Fuel,2008,87:39-57.

[28]Dag Bjerketvedt,Jan Roar Bakke,Kees van Wingerden. Gas explosion hand book[J]. Journal of Hazardous Materials,1997,52:1-150.

[29]Bauwens C R L,Bergthorson J M,Dorofeev S B. Experimental investigation of spherical-flame acceleration in lean hydrogen-air mixtures[J]. International Journal of Hydrogen Energy,2017,42(11):7691-7697.

[30]Chen X,Zhang Y,Zhang Y. Effect of CH4-Air ratios on gas explosion flame microstructure and propagation behaviors[J]. Energies, 2012,5(12):4132-4146.

[31]Phylaktou H N,Andrews G E,Herath P. Fast flame speeds and rates of pressure rise in the initial period of gas explosions in large L/D cylindrical enclosures[J]. Journal of Loss Prevention in the Process Industries,1990,3(4):355-364.

[32]何学秋,杨艺,王恩元,等. 障碍物对瓦斯爆炸火焰结构及火焰传播影响的研究[J]. 煤炭学报,2004,29(2):186-189.

[33]牛芳,刘庆明,白春华,等. 甲烷/空气预混气的火焰传播过程[J]. 北京理工大学学报,2012,32(5):441-445.

[34]余明高,孔杰,王燕,等. 不同浓度甲烷-空气预混气体爆炸特性的试验研究[J]. 安全与环境学报,2014(6):85-90.

[35]白春华,陈默,刘庆明,等. 大型多相燃烧管道中甲烷-煤尘-空气混合物爆炸研究[C]. 中国职业安全健康协会 2010 年学术年会论文集,2010.

[36]秦涧. 变直径管及弯管对瓦斯爆炸的影响研究[D]. 中北大学,2012.

[37]叶经方,陈志华,范宝春. 楔形障碍物与火焰的作用[J]. 火灾科学,2005,14(4):246-250.

[38]吴红波,陆守香,张立. 障碍物对瓦斯煤尘火焰传播过程影响的实验研究[J]. 矿业安全与环保,2004,3 1(3):6-8.

[39]周宁,郭子如,徐曼. 有沉积煤尘的管道内瓦斯火焰传播特性[J]. 煤矿爆破,2003,4:17-19.

[40]Guo Z R,Shen Z W,Lu S X,et al. The experimental of methane-air flame propagation in the tube with quadrate cross section[J]. Journal of Coal Science and Engineering,2005,11(2):60-63.

[41]汪泉,郭子如,李志敏,等. 甲烷与空气预混管内爆炸火焰传播特性试验[J]. 煤炭科学技术,2007,35(11):95-97.

[42]丁以斌,郭子如,汪泉,等. 立体结构障碍物对甲烷预混火焰传播影响的研究[J]. 中国安全科学学报,2011,20(12):52-56.

[43]Nainna A M,Phylaktou H N,Andrews G E. The acceleration of flames in tube explosions with two obstacles as a function of the obstacle separation distance[J]. Journal of Loss Prevention in the Process Industries,2013,26(26):1597-1603.

[44]Nainna A M,Somuano G B,Phylaktou H N,et al. Flame acceleration in tube explosions with up to three flat-bar obstacles with variable obstacle separation distance[J]. Journal of Loss Prevention in the Process Industries,2015,38:119-124.

[45]Zhu C J,Lu Z G,Lin B Q,et al. Effect of variation in gas distribution on explosion propagation characteristics in coal mines[J]. Mining Science and Technology (China),2010,20(4):516-519.

[46]喻健良,高远,闫兴清,等. 初始压力对爆轰波在管道内传播的影响[J]. 大连理工大学学报,2014,54(4):413-417.

[47]Bradley D,Cresswell T M,Puttock J S. Flame acceleration due to flame-induced instabilities in large-scale explosions[J]. Combus-

tion and Flame,2001,124(4):551-559.

[48]Liberman I,Corry J,Perlee H E. Flame propagation in layered methane-air systems[J]. Combustion Science and Technology,1970,1(4):257-267.

[49]费国云. 瓦斯爆炸沿巷道传播特性探讨[J]. 煤矿安全,1996(2):32-34.

[50]罗振敏,邓军,文虎,等. 小型管道中瓦斯爆炸火焰传播特性的实验研究 [J]. 中国安全科学学报,2007,17(5):106-109.

[51]仇锐来,张延松,司荣军,等. 管道内瓦斯爆炸传播的试验研究[J]. 中国安全科学学报,2010,20(5):80-85.

[52]徐景德. 矿井瓦斯爆炸冲击波传播规律及影响因素的研究[D]. 中国矿业大学(北京),2003.

[53]徐景德,徐胜利,杨庚宇. 矿井瓦斯爆炸传播的试验研究[J]. 煤炭科学技术,2004,33(7):55-57.

[54]杨书召,景国勋,贾智伟,等. 矿井瓦斯爆炸高速气流的破坏和伤害特性研究[J]. 中国安全科学学报,2009,19(5):86-90.

[55]王大龙,周心权,张玉龙,等. 煤矿瓦斯爆炸火焰波和冲击波传播规律的理论研究与实验分析[J]. 矿业安全与环保,2007,34(2):1-3.

[56]徐胜利,糜仲春. 无约束云雾产生爆炸场的数值模拟[J]. 南京理工大学学报,1994(5):1-7.

[57]Johnson D M. The potential for vapour cloud explosions-lessons from the Buncefield accident[J]. Journal of Loss Prevention in the Process Industries,2010,23(6):921-927.

[58]Groethe M,Merilo E,Colton J,et al. Large-scale hydrogen deflagrations and detonations[J]. International Journal of Hydrogen Energy,2007,32(13):2125-2133.

[59]Mallard E,Chatelier H,Ann L. Thermal model for flame propagation[J]. Annales des Mines,1883,8:274-618.

[60]Urtiew P A,Oppenheim A K. Experimental Observations of the Transition to Detonation in an Explosive Gas[J]. Ceramics International,1966,40(7):9563-9569.

[61]Lee J H,Lee B H K,Knystautas R. direct initiation of cylindrical gaseous detonations[J]. Physics of Fluids 1966,9(1):221.

[62]Urtiew P A,Tarver C M. Shock Initiation of Energetic Materials at Different Initial Temperatures[J]. Combustion,Explosion,and Shock Waves,2005,41(6):766-776.

[63]Knystautas R,Lee J H S,Shepherd J E,et al. Flame acceleration and transition to detonation in benzene-air mixtures combust[J]. Combustion and Flame,1988,15:424-436.

[64]Lee J H,Knystautas R,Chan C K. Turbulent flame propagation in obstacle-filled tubes[J]. Symposium on Combustion,1985,20(1):1663-1672.

[65]Dobrego K V,Kozlov I M,Vasiliev V V. Flame dynamics in thin semi-closed tubes at different heat loss conditions[J]. International Journal of Heat and Mass Transfer,2006,49(1):198-206.

[66]Smirnov N N,Nikitin V F. Effect of channel geometry and mixture temperature on detonation to deflagration transition in gases[J]. Combustion,Explosion,and Shock Waves,2004,40(2):186-199.

[67]Kuznetsov M,Alekseev V,Yu Y K,et al. Slow and fast deflagrations in hydrocarbon-air mixtures[J]. Combustion Science and Technology,2002,174(5):157-172.

[68]Teodorczyk A,Drobniak P,Dabkowski A. Fast turbulent deflagration and DDT of hydrogen-air mixtures in small obstructed channel[J]. International Journal of Hydrogen Energy,2009,34(14):5887-5893.

[69] Kuznetsov M, Ciccarelli G, Dorofeev S, et al. DDT in methane-air mixtures[J]. Shock Waves,2002,12(3):215-220.

[70] Kuznetsov M, Alekseev V, Matsukov I, et al. DDT in a smooth tube filled with a hydrogen-oxygen mixture[J]. Shock Waves,2005,14(3):205-215.

[71]Gamezo V N,Jr R K Z,Sapko M J,et al. Detonability of natural gas-air mixtures[J]. Combustion and Flame,2012,159(2):870-881.

[72]Dorofeev S B,Kuznetsov M S,Alekseev V I,et al. Evaluation of limits for effective flame acceleration in hydrogen mixtures[J]. Journal of Loss Prevention in the Process Industries,2001,14:583-589.

[73]Wolanski P,Liu J C,Kauffman C W,et al. On the mechanism

of influence of obstacles on the flame propagation[J]. Arch. Combustions,1988,8:15.

[74]Wu M,Burke M P,Son S F,et al. Flame acceleration and the transition to detonation of stoichiometric ethylene/oxygen in microscale tubes[J]. Proceedings of the Combustion Institute,2007,31(2):2429-2436.

[75]Zeldovich Y B,Sadovnikov P Y,Frank-Kamenetskii D A. Oxidation of Nitrogen in Combustion[J]. Oxidation of nitrogen in the combustion,1947,77-79.

[76]Kuznetsov M,Alekseev V,Yu Y K,et al. Slow and fast deflagrations in hydrocarbon-air mixtures[J]. Combustion Science and Technology,2002,174(5):157-172.

[77]Kuznetsov M, Alekseev V, Matsukov I, et al. DDT in a smooth tube filled with a hydrogen-oxygen mixture[J]. Shock Waves, 2005,14(3):205-215.

[78]Oran E S,Gamezo V N. Origins of the deflagration-to-detonation transition in gas-phase combustion[J]. Combustion and Flame, 2007,148(1):4-47.

[79]Kagan L, Liberman M, Sivashinsky G. Detonation initiation by a hot corrugated wall[J]. Proceedings of the Combustion Institute, 2007,31(2):2415-2420.

[80]Lee J H S,Moen I O. The mechans of transition from deflagration to detonation in vapor cloud explosions[J]. Progress in Energyand Combustion Science,1980,6(4):359-389.

[81]Bartenev A M,Gelfand B E. Spontaneous initiation of detonations[J]. Progress in Energyand Combustion Science, 2000, 26(1): 29-55.

[82]Kapila A K,Schwendeman D W,QuirkJ J,et al. Mechanisms of detonation formation due to a temperature gradient[J]. Combustion Theory and Modelling,2002,6(4):553-594.

[83]Liberman M A, Sivashinsky G, Valiev D, et al. Numerical simulation of deflagration-to-detonation transition: Role of hydrodynamic flame instability[J]. International Journal of Transport Phenomena, 2006, 8:253-277.

[84]Oppenheim A K. A contribution to the theory of the development and stability of detonation in gases[J]. Journal of Applied Mathematics and Mechanics,1952,19(1):63-71.

[85]Oppenheim A K,Stern R A. On the development of gaseous detonation e analysis of wave phenomena[J]. Symp (Int) Combust, 1959,7:837-50.

[86]Urtiew P A,Oppenheim A K. Experimental observations of the transition to detonation in an explosive gas[J]. Proceedings of the Royal Society of London A,1966,295:13-28.

[87]Bychkov V, Petchenko A, Akkerman V, et al. Theory and modeling of accelerating flames in tubes [J] Physical Review E,2005, 72:046307.

[88]Bychkov V,Akkerman V,Fru G,et al. Flame acceleration in the early stages of burning in tubes [J]. Combustion and Flame,2007, 263:150-155.

[89]Bartenev A M,Gelfand B E. Spontaneous initiation of detonations[J]. Progress in Energyand Combustion Science, 2000, 26 (1): 29-55.

[90]Gamezo V N, Ogawa T, Oran E S. Flame acceleration and DDT in channels with obstacles:Effect of obstacle spacing [J]. Combustion and Flame,2008,155:302-315.

[91]Gamezo V N,Ogawa T,Oran E S. Numerical simulations of flame propagation and DDT in obstructed channels filled with hydrogen-air mixture [J]. Proceedings of the Combustion Institute, 2007,31:2463-2471.

[92]Poludnenko A,Oran E. The interaction of high-speed turbulence with flames[J]. Combustionand Flame,2011,158(2):301-326.

[93]Wang C,Han W H,Bi Y,et al. Numerical investigations on reignition behavior of detonation diffraction[J]. Modern Physics Letters B, 2016,30(05):1650042.

[94]Wang C,Shu C W,Han W,et al. High resolution WENO simulation of 3D detonation waves[J]. Combustionand Flame, 2013, 160 (2): 447-462.

[95]Wang C,Dong X Z,Shu C W. Parallel adaptive mesh refinement method based on WENO finite difference scheme for the simulation of multi-dimensional detonation[J]. Journal of Computational Physics,2015,298(1):161-175.

[96]Wang C,Zhao Y,Zhang B. Numerical simulation of flame acceleration and deflagration-to-detonation transition of ethylene in channels[J]. Journal of Loss Prevention in the Process Industries,2016,43:120-126.

[97]Ivanov M F,Kiverin A D,Yakovenko I S,et al,Hydrogen-oxygen flame acceleration and deflagration-to-detonation transition in three-dimensional rectangular channels with no-slip walls[J]. International Journal of Hydrogen Energy,2013,38(36):16427-16440.

[98]Taylor B D,Kessler D A,Gamezo V N,et al. Numerical simulations of hydrogen detonations with detailed chemical kinetics[J]. Proceedings of the Combustion Institute,2013,34(2):2009-2016.

[99]Dzieminska E,Fukuda M,Hayashi A K,et al. Fast flame propagation in hydrogen-oxygen mixture[J],Combustion Science and Technology,2012 184 (10):1608-1615.

[100]Shao Y T,Liu M,Wang J P,Numerical Investigation of Rotating Detonation Engine Propulsive Performance[J],Combustion Science and Technology,2010,182(11):1586-1597.

[101]王玮,范玮,严传俊,等. 小能量点火脉冲爆震发动机工作过程数值模拟[J]. 航空工程进展,2011,2(4):465-469.

[102]董刚,范宝春. 来流温度影响驻定爆轰波结构和性能的数值研究[J]. 高压物理学报,2011,25(3):193-199.

[103]李康,胡宗民,姜宗林. 高超声速流动上仰异常现象关键因素数值研究[J]. 中国科学:物理学 力学 天文学,2015,45(3):34701-034701.

[104]王昌建,郭长铭,徐胜利. 气相爆轰波正反射激波加速研究[J]. 爆炸与冲击,2007,27(2):143-150.

[105]庞磊,张奇,李伟,等. 煤矿巷道瓦斯爆炸冲击波与高温气流的关系[J]. 高压物理学报,2011,25(5):457-462.

[106]王志荣. 受限空间气体爆炸传播及其动力学过程研究[D]. 南京工业大学,2005.

[107]司荣军. 矿井瓦斯煤尘爆炸传播规律研究[D]. 山东科技大学,2007.

[108]杨宏伟,范宝春,李鸿志. 障碍物和管壁导致火焰加速的三维数值模拟[J]. 爆炸与冲击,2001,21(4):259-264.

[109]杨宏伟,范宝春,李鸿志. 障碍物高度对火焰加速影响的数值模拟[J]. 弹道学报,2001,13(2):32-36.

[110]唐平,蒋军成. 障碍物对采用泄爆管泄放气体爆炸影响的数值模拟[J]. 安全与环境学报,2011,11(6):151-156.

[111]王春,张德良,姜宗林. 多障碍物通道中激波诱导气相爆轰的数值研究[J]. 力学学报,2006,38(5):586-592.

[112]Sharma R K,Gurjar B R,Wate S R,et al. Assessment of an accidental vapour cloud explosion:Lessons from the Indian Oil Corporation Ltd. accident at Jaipur,India[J]. Journal of Loss Prevention in the Process Industries,2013,26(1):82-90.

[113]Tauseef S M,Rashtchian D,Abbasi T,et al. A method for simulation of vapour cloud explosions based on computational fluid dynamics (CFD)[J]. Journal of Loss Prevention in the Process Industries,2011,24(5):638-647.

[114]Tomizuka T,Kuwana K,Mogi T,et al. A study of numerical hazard prediction method of gas explosion[J]. International Journal of Hydrogen Energy,2013,38(12):5176-5180.

[115]Hanna S R,Ichard H M,Strimaitis D. CFD model simulation of dispersion from chlorine railcar releases in industrial and urban areas[J]. Atmospheric Environment,2009,43(2):262-270.

[116]Dadashzadeh M,Abbassi R,Khan F,et al. Explosion modeling and analysis ofdeepwater horizon accident[J]. Safety Science,2013,57(8):150-160.

[117]Berg J T,Bakke J R,Fearnley P,et al. A CFD layout sensitivity study to identify optimum safe design of a FPSO[C]. Research,2000.

[118]Kim E,Park J,Cho J H,et al. Simulation of hydrogen leak and explosion for the safety design of hydrogen fueling station in Korea[J]. International Journal of Hydrogen Energy,2013,38(3):1737-1743.

[119]Angers B,Hourri A,Benard P,et al. Modeling of hydrogen

explosion on a pressure swing adsorption facility[J]. International Journal of Hydrogen Energy,2014,39(11):6210-6221.

[120]钱新明,刘振翼.液化石油气瓶站气体泄漏爆炸危险性研究[C].全国爆炸与安全技术学术交流会.2004.

[121]Zhu Y,Qian X M,Liu Z Y,et al. Analysis and assessment of the Qingdao crude oil vapor explosion accident:Lessons learnt[J]. Journal of Loss Prevention in the Process Industries,2015,33:289-303.

[122]高永格,孟晓强,张纪云.基于巷道不同截面内瓦斯爆炸传播规律的研究[J].煤炭与化工,2016,39(4):1-3.

[123]Ma Q,Zhang Q,Pang L. Hazard effects of high-speed flow from methane-hydrogen premixed explosions[J]. Process Safety Progress,2014,33(1):85-93.

[124]黄光球,陆秋琴.井下空气冲击波在变断面长巷中传播参数计算方法[J].化工矿物与加工,2016(3):27-33.

[125]蔺照东.井下巷道瓦斯爆炸冲击波传播规律及影响因素研究[D].中北大学,2014.

[126]曲志明,刘历波,王晓丽.掘进巷道瓦斯爆炸数值及实验分析[J].湖南科技大学学报自然科学版,2008,23(2):9-14.

[127]Gao F,Obrien E E. A Large-Eddy Simulation Scheme for Turbulent Reacting Flows[J]. Physics of Fluids,1993,5(6):1282-1284.

[128]Pope S B. Ten questions concerning the large-eddy simulation of turbulent flows[J]. New Journal of Physics,2004,6(1):35.

[129]Bilger R W,Pope S B,Bray K N C,et al. Paradigms in turbulent combustion research[J]. Proceedings of the Combustion Institute,2005,30(1):21-42.

[130]Smagorinsky J. General circulation experiments with the primitive equations[J]. Monthly Weather Review,1963,91(3),99-164.

[131]Germano M,Piomelli U,Moin P,et al. A dynamic subgrid scale eddy viscosity model[J]. Physics of Fluids A Fluid Dynamics,1991,3(3):1760-1765.

[132]Lilly D K. A proposed modification of the Germano subgrid scale closure method[J]. Physics of Fluids,1992,4(4):633-633.

[133]Kim W W,Menon S,Hukam C,et al. Large-eddy simulation

of a gas turbine combustor flow[J]. Combustion Science and Technology,1999,143(1):25-62.

[134]Peters N. The turbulent burning velocity for large-scale and small-scale turbulence[J]. Journal of Fluid Mechanics,1999,384(384):107-132.

[135]Boger M,Veynante D,Boughanem H,et al. Direct numerical simulation analysis of flame surface density concept for large eddy simulation of turbulent premixed combustion[J]. Symposium on Combustion,1998,27(1):917-925.

[136]Colin O,Ducros F,Veynante D,et al. A thickened flame model for large eddy simulations of turbulent premixed combustion[J]. Physics of Fluids,2000,12(7):1843-1863.

[137]Charlette F,Meneveau C,Veynante D. A power-law flame wrinkling model for LES of premixed turbulent combustion Part I: non-dynamic formulation and initial tests[J]. Combustionand Flame,2002,131(1):159-180.

[138]Charlette F,Meneveau C,Veynante D. A power-law flame wrinkling model for LES of premixed turbulent combustion Part II:dynamic formulation[J]. Combustionand Flame,2002,131(1):181-197.

[139]Legier J P,Poinsot T,Veynante D. Dynamically thickened flame LES model for premixed and non-premixed turbulent combustion[C]. Proceedings of the Summer Program,Stanford,2000:157-168.

[140]周力行. 两相燃烧的大涡模拟[J]. 中国科学:技术科学,2014(1):41-49.

[141]周力行,胡砾元,王方. 湍流燃烧大涡模拟的最近研究进展[J]. 工程热物理学报,2006,27(2):331-334.

[142]Pitsch H. Large eddy simulation of turbulent combustion[J]. Annual Review of Fluid Mechanics,2006,38(1):453-482.

[143]Sankaran V,Menon S. Subgrid combustion modeling of 3-D premixed flames in the thin-reaction-zone regime[J]. Proceedings of the Combustion Institute,2005,30(1):575-582.

[144]Molkov V V,Makarov D V,Schneider H. Hydrogen-air deflagrations in open atmosphere: Large eddy simulation analysis of ex-

perimental data[J]. International Journal of Hydrogen Energy,2007,32(13):2198-2205.

[145]毕明树,董呈杰,周一卉. 密闭长管内甲烷-空气爆炸火焰传播数值模拟[J]. 煤炭学报,2012,37(1):127-131.

[146]毕明树,王树兰,丁信伟. 开敞空间工业气云爆炸研究进展[J]. 石油化工设备,2001,30(5):74-76.

[147]Sarli V D,Benedetto A D,Russo G,et al. Large eddy simulation and PIV measurements of unsteady premixed flames accelerated by obstacles[J]. Flow, Turbulence and Combustion, 2009, 83(2): 227-250.

[148]Neto L T,Groth C P. A high-order finite-volume scheme for large-eddy simulation of turbulent premixed flames[C]. Aerospace Sciences Meeting,2014.

[149]Makarov D V,Molkov V V. Modeling and large eddy simulation of deflagration dynamics in a closed vessel[J]. Combustion,Explosion,and Shock Waves,2004,40(2):136-144.

[150] Wen X, Yu M, Liu Z, et al. Large eddy simulation of methane-air deflagration in an obstructed chamber using different combustion models[J]. Journal of Loss Prevention in the Process Industries,2012,25(4):730-738.

[151]Luo K,Yang J,Bai Y,et al. Large eddy simulation of turbulent combustion by a dynamic second-order moment closure model[J]. Fuel,2017,187:457-467.

[152] Molkov V, Verbecke F, Makarov D. LES of hydrogen-air deflagrations in a 78. 5m tunnel[J]. Combustion Science and Technology,2008,180(5):796-808.

[153]Emami S,Mazaheri K,Shamooni A,et al. LES of flame acceleration and DDT in hydrogen-air mixture using artificially thickened flame approach and detailed chemical kinetics[J]. International Journal of Hydrogen Energy,2015,40(23):7395-7408.

[154] Robert A, Richard S, Colin O, et al. LES study of deflagration to detonation mechanisms in a downsized spark ignition engine[J]. Combustionand Flame,2015,162(7):2788-2807.

[155]Zbikowski M, Makarov D, Molkov V. Numerical simulations of large-scale detonation tests in the RUT facility by the LES model [J]. Journal of Hazardous Materials, 2010, 181(181): 949-956.

[156]Maxwell B M, Bhattacharjee R R, Lauchapdelaine S S M, et al. Influence of turbulent fluctuations on detonation propagation[J]. 2016. arXiv: 1610. 01204

[157]Weller H G, Tabor G, Gosman A D, et al. Application of a flame-wrinkling LES combustion model to a turbulent mixing layer[J]. Symposium on Combustion, 1998, 27(1): 899-907.

[158]Butler T D, O'Rourke P J. A numerical method for two dimensional unsteady reacting flows [J]. Symposium on Combustion, 1976, 16(1): 1503-1515.

[159]Kuo K K. Principles of combustion [M]. John Wiley and Sons Inc. , 2005.

[160]Poinsot T, Veynante D. Theoretical and numerical combustion [M]. Philadelphia: Edwards RT Inc, 2005.

[161]Charlette F, Meneveau C, Veynante D. A power-law flame wrinkling model for LES of premixed turbulent combustion. Part I: Non-dynamic formulation and initial tests. Combustand Flame, 2002, 131: 159-80.

[162]Lacaze G, Cuenot B, Poinsot T, et al. Large eddy simulation of laser ignition and compressible reacting flow in a rocket-like configuration [J]. Combustion and Flame, 2009, 156: 1166-1180.

[163]De A, Acharya S. Large eddy simulation of a premixed Bunsen flame using a modified thickened-flame model at two Reynolds number [J]. Combustion Science and Technology, 2009, 181: 1231-1272.

[164]Kagan L, SivashinskyG. On the transition from deflagration to detonation in narrow tubes[J]. Flow, Turbulence and Combustion, 2010, 84(3): 423-437.

[165]Kagan L, Valiev D, Liberman M, et al. Effects of hydraulic resistance and heat losses on the deflagration-to detonation transition [J]. Pulsed and Continuous Detonations, 2006: 119-123.

[166]Nicoud F, Ducros F. Subgrid-scale stress modelling based on

the square of the velocity gradient[J]. Flow Turbulent and Combustion, 1999,62(3):183-200.

[167]Shu C W, Osher S. Efficient implementation of essentially non-oscillatory shock-capturing schemes [J]. Journal of Computational Physics, 1989, 83(1):32-78.

[168]Shu C W. Essentially non-oscillatory and weighted essentially non-oscillatory schemes for hyperbolic conservation laws[M]. Springer Berlin Heidelberg, 1998.

[169]Jiang G S, Shu C W. Efficient implementation of weighted ENO schemes[J]. Journal of Computational Physics, 1995, 126(1): 202-228.

[170]Jiang G S, Wu C C. A High-Order WENO Finite Difference Scheme for the Equations of Ideal Magnetohydrodynamics[J]. Journal of Computational Physics, 1999, 150(2):561-594.

[171]Shchelkin K I, Troshin Y K. Gasdynamics of Combustion [M]. Mono Book Corp, Baltimore, 1965.

[172] Song Z B, Ding X W, Yu J L, et al. Propagation and quenching of premixed flames in narrow channels[J]. Combustion Explosion and Shock Waves, 2006, 42(3):268-276.

[173]Wu M H, Wang C Y. Reaction propagation modes in millimeter-scale tubes for ethylene/oxygen mixtures[J]. Proceedings of the Combustion Institute, 2011, 33(33):2287-2293.

[174]Fukuda M, Dzieminska E, Hayashi A K, et al. Effect of wall conditions on DDT in hydrogen-oxygen mixtures[J]. Shock Waves, 2013, 23(3):191-200.

[175]Xiao H, Makarov D, Sun J, et al. Experimental and numerical investigation of premixed flame propagation with distorted tulip shape in a closed duct[J]. Combustion & Flame, 2012, 159(4):1523-1538.

[176]Ott J D, Oran E S, Anderson J D. A mechanism for flame acceleration in narrow tubes[J]. Aiaa Journal, 2012, 41(41):1391-1396.

[177]Ivanov M F, Kiverin A D, Liberman M A. Flame acceleration and DDT of hydrogen-oxygen gaseous mixtures in channels with no-slip walls[J]. International Journal of Hydrogen Energy, 2011, 36(13):

7714-7727.

[178]Bychkov V, Valiev D, Akkerman V, et al. Gas compression moderates flame acceleration in deflagration-to-detonation transition [J]. Combustion Science and Technology, 2012, 184(7): 1066-1079.

[179] Liberman MA. Deflagration to detonation transition in highly reactive combustible mixtures[J]. Acta Astronautica, 2010, 67: 688-701.

[180]Campbell C, Woodhead D W. Ignition of gases by an explosion-wave. Part I. Carbon monoxide and hydrogen mixtures [J]. Journal of chemistry society. 1926: 3010-3029.

[181]Wang C, Jiang Z, Hu Z M, et al. Numerical investigation on evolution of cylindrical cellular detonation [J]. Journal of Applied Mathematics and Mechanics, 2008, 29(11): 1487-1494.

[182]Liu Q M, Zhang Y M. Study on the flame propagation and gas explosion in propane/air mixtures[J]. Fuel, 2015, 140: 677-684.

[183]Kadowaki S. The effects of heat loss on the burning velocity of cellular premixed flames generated by hydrodynamic and diffusive-thermal instabilities[J]. Combustion and Flame, 2005, 143 (3): 174-182.

[184]Law C K, Jomaas G, Bechtold J K. Cellular instabilities of expanding hydrogen/propane spherical flames at elevated pressures: theory and experiment[J]. Proceedings of Combustion Institute, 2005, 30(1): 159-16.

[185]Lamoureux N, Djebayli-Chaumeix N, Paillard C E. Laminar flame velocity determination for H_2-air-He-CO_2 mixtures using the spherical bomb method[J]. Experimental Thermal and Fluid Science, 2003, 27(4): 385-393

[186]Bychkov V V, Liberman M A. Dynamics and stability of premixed flames[J]. Physics Reports, 2000, 325(4): 115-237.

[187]Baraldi D, Kotchourko A, Lelyakin A, et al. An inter-coM-Parison exercise on CFD model capabilities to simulate hydrogen deflagrations with pressure relief vents [J]. International Journal of Hydrogen Energy, 2010, 35: 12381-12390.

[188]Baraldi D, Kotchourko A, Lelyakin A, et al. An inter-coM-

Parison exercise on CFD model capabilities to simulate hydrogen deflagrations in a tunnel [J]. International Journal of Hydrogen Energy, 2009,34:7862-7872.

[189]Wen J X,Madhav R V C,Tam V H Y. Numerical study of hydrogen explosions in a refuelling environment and in a model storage room [J]. International Journal of Hydrogen Energy,2010,35:385-394.

[190]Groethe M,Merilo E,Sato Y. Large-scale hydrogen deflagrations and detonations [C]. International Conference on Hydrogen Safety. Pisa,Italy. 2005.

[191]Sato Y,Iwabuchi H,Groethe M,et al. Experiments on hydrogen deflagration [J]. Journal of Power Sources,2006,159:144-148.

[192]Han W H,Gao Y,Law C K. Flame acceleration and deflagration-to-detonation transition in micro-and macro-channels: an integrated mechanistic study [J]. Combustion and Flame. 2017, 176, 285-298.

[193]Kagan L,Sivashinsky G. The transition from deflagration to detonation in thin channels[J]. Combustion and Flame,2003,134(4), 389-397.

[194]Liberman M A, Ivanov M F, Kiverin A D, et al. On the mechanism of the deflagration-to-detonation transition in a hydrogen-oxygen mixture[J]. Journal of Experimental and Theoretical Physics, 2010,111(4):684-698.

[195]Zel'Dovich Y B,Librovich V B,Makhviladze G M,et al. On the development of detonation in a non-uniformly preheated gas[C]. Astronautica Acta,1970:313-321.

[196]Kitano S,Fukao M,Susa A,et al. Spinning detonation and velocity deficit in small diameter tubes[J]. Proceedings of the Combustion Institute,2009,32(2):2355-2362.